KB093995

Western Cooking Practice

식품위생관리에 바탕을 둔 양식조리기능사 자격시험 대비

서양요리실무

최광수 · 김병헌 공저

(주)백산출판사

머리말

34년 전 필자는 86아시안게임과 88서울올림픽을 앞두고 양식전문요리사를 육성하기 위해 국가에서 운영하던 경주호텔학교에 입교하여 요리사의 과정에 입문하게 되었다.

그로부터 20여 년 동안 실무에서 긍지와 자부심으로 요리사로서 근무하다가 제주신라를 끝으로 현장요리사를 접고 후진양성에 뜻을 두었다. 지금은 제주한라대학에서 장인을 길러내는 심정으로 그동안 경험과 역량을 학생들에게 전수하면서 보람 있는 강단에 서 있다.

그동안 우리학생들에게 요리를 가르치면서 여러 필수조건을 가르쳐야 한다는 욕심이 앞서 여러 전문서적을 교재로 사용해 오던 중, 필자가 생각하는 요리기초이론에서부터 위생분야를 깊이 다룬 마땅한 전문교재의 필요성을 느껴 그동안 현업에서 실시해오던 HACCP(식품위해요소중점 관리 분석)의 식품위생관리 기준을 집중적으로 수록하여 요리사로서 가장 기초지식인 위생교육에 역점을 두고 기초이론부터 전문서적에 손색이 없는 책을 펴내게 되었다.

아무쪼록 본 교재가 조리를 배워가는 학생들에게 유익한 교육교재가 되었으면 하는 바람을 기대하면서, 이 책에서 미비한 점이 있다면 다음 기회에 더 알찬 내용을 약속드립니다. 그동안 같이 자료정리와 여러모로 도와주신 제주 신라호텔 김영규 주방장께 깊은 감사를 드립니다.

2020년 2월

저자 씀

차 례

제1장 서양요리의 개요 및 각 나라별 요리의 특징 _ 9

1. 서양요리의 개요 ······ 10
2. 서양요리를 대표하는 나라별 요리 ······ 12

제2장 메뉴의 종류 _ 21

1. 정식 메뉴 ······ 22
2. 일품요리 메뉴 ······ 25
3. 특별 메뉴 ······ 28
4. 연회 메뉴 ······ 30
5. 바비큐 메뉴 ······ 32
6. 스탠딩뷔페 메뉴 ······ 33
7. 칵테일 메뉴 ······ 34

제3장 주방 직무역할 및 조리인의 자세와 정신 _ 35

1. 주방의 직무역할 ······ 36
2. 조리인의 자세와 정신 ······ 39

제4장 HACCP에 의한 위생관리 _ 41

1. HACCP의 의의 ······ 42
2. HACCP의 유래 ······ 43
3. HACCP의 주요 절차 ······ 44
4. 위생교육과 훈련 ······ 50
5. 주방 내의 조리위생 ······ 52

제5장 서양요리의 기본적인 조리방법과 조리의 계량, 온도 및 채소 썰기 용어 _ 65

1. 서양요리의 기본적인 조리방법 ······ 66
2. 조리의 계량과 조리온도 ······ 72
3. 채소 썰기 용어 ······ 76

제6장 허브의 정의와 종류 _ 79

1. 허브의 정의 ······ 80
2. 허브의 종류 ······ 81

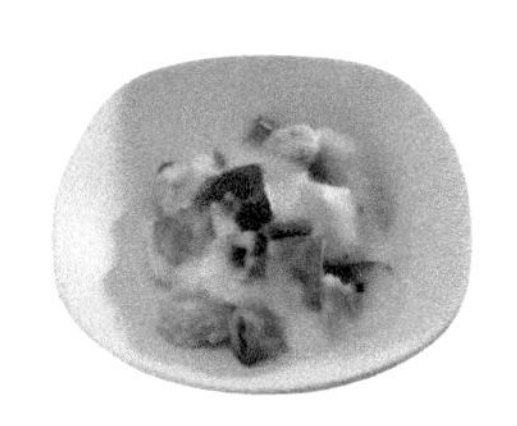

제7장 음식유래 및 상식 _ 85

제8장 기본조리 전문용어 _ 113

제9장 양식조리기능사 실기 _ 129

오믈렛
- 스페니시 오믈렛 ······ 130
- 치즈 오믈렛 ······ 132

애피타이저
- 쉬림프 카나페 ······ 134
- 샐러드 부케를 곁들인 참치 타르타르와 채소 비네그레트 ······ 136
- 프렌치 프라이드 쉬림프 ······ 140

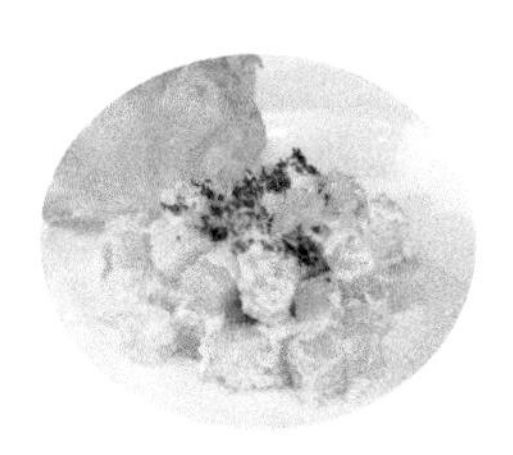

수프

• 비프 콘소메 142
• 프렌치 어니언 수프 144
• 피시 차우더 수프 146
• 미네스트로니 수프 148
• 포테이토 크림 수프 152

메인디시

• 비프 스튜 154
• 바비큐 폭찹 156
• 치킨 알라킹 158
• 서로인 스테이크 160
• 살리스버리 스테이크 162
• 치킨 커틀릿 164

샐러드

• 월도프 샐러드 166
• 포테이토 샐러드 168
• 해산물 샐러드 170
• 사우전드 아일랜드 드레싱 174
• 시저 샐러드 176

스톡

• 브라운 스톡 178

소스

• 홀랜다이즈 소스 180
• 브라운 그래비 소스 182
• 이탈리안 미트 소스 184
• 타르타르 소스 186

샌드위치

• 햄버거 샌드위치 188
• BLT 샌드위치 190

파스타

• 스파게티 카르보나라 192
• 토마토소스 해산물 스파게티 194

Basic Western

Cooking

제 1 장

서양요리의 개요 및 각 나라별 요리의 특징

서양요리의 개요 및 각 나라별 요리의 특징

1. 서양요리의 개요

요리는 인간이 존재하고 불을 사용하기 시작하면서 요리의 역사가 동시에 이루어졌다고 할 수 있다. 과거 선사시대의 요리에 관해서는 잘 알려져 있지 않지만, 불을 발견한 이후에야 비로써 요리의 기술이 발달되기 시작했다고 할 수 있다. 이들은 나무의 뿌리, 열매, 곡식, 벌꿀, 생선 또는 동물의 젖이나 알 등을 식량으로 사용하였으며, 굽거나 동물의 윗주머니 및 가죽, 내장 등을 이용하여 익혀 먹었던 것으로 생각된다. 그리고 그 흔적으로 고대 이집트의 분묘와 피라미드의 벽화에서 그림이나 상형문자로 그려진 제빵과 조리사들의 작업과정을 통해서도 알 수 있다.

고대 페르시아인들은 화려한 연회나 축제를 한 것으로 유명하다. 앗시리아의 왕 Sardonapalus는 세계 최초의 요리경진대회를 개최하여 최우수자에게는 수 천량의 황금을 주고, 새로운 요리를 개발하는 사람에게는 많은 상금을 주었다. 또한 페르시아의 전설적인 과일인 Marmalade와 좋은 와인은 연회나 축제 때에는 풍부하였고, 정성스럽게 황금용기에 담아 차려졌다. 페르시아인들에 의해 만들어진 몇 가지 음식들은 오늘날에도 세계적으로 유명한 요리가 되고 있다. 또한 그리스인들은 페르시아인들로부터 조리법과 식사법을 계승받았다.

BC 5세기 중엽까지 그리스에서는 부자와 가난한 자의 식사에 거의 차이가 없었다. 당시의 기본 음식은 보리 Paste, 보리죽, 보리빵이 있었는데, 초기의 그리스인들은 하루에 네 끼 식사를 하였다고 한다.

로마인들은 그리스의 요리보다 더욱 섬세하고 맛있는 그들 자신의 요리를 개발하였다. 그들의 식도락적인 축제는 4세기 말까지 번창하였다. 그 후 로마제국의 몰락으로 요리, 문학 등 예술이 쇠퇴하기 시작했다. 로마인들은 많은 요리에 대한 전통을 영국으로 가져갔다.

영국요리에 큰 영향을 준 것은 게르만족의 침략이었다. 케트(Celts), 섹슨(Saxons), 그리고 노르만족(Normans)의 요리가 기본적인 요리가 되었다. 그 당시 영국에서는 대다수가 농민과 노동자여서 요리가 간단하고 푸짐한 것이었으나, 중세에 접어들면서 연회와 축제는 많은 음식과 맥주로 사치스러워졌다. 헨리 8세의 통치기간 중에 크리스마스 축제일이 되었고, 크리스마스 이브부터 12일 동안에 걸쳐 음식들이 풍성하게 차려져 축제를 즐겼으나, 엘리자베스시대에 와서는 요리에 관해 무관심하기 시작했다. 이것은 프랑스에서 데려온 요리장을 고용한 클럽과 호텔이 생겨난 후까지 계속되었다.

프랑스요리는 16세기 초까지는 영국요리와 마찬가지로 운치가 없는 것이었다. 1533년 오를레앙 공작이 이탈리아 유명한 폴로렌틴이 캐더린 메디치와 결혼하면서 그녀의 많은 유명한 이탈리아 조리장과 제빵 전문가들이 프랑스로 들어오게 되었다. 그리하여 프랑스인들은 이들로부터 조리를 배워 그들의 조리학교에서 요리를 기술적으로 발전시켰다. 식사법도 이탈리아의 영향이 매우 컸다. 손씻는 법, 포크 사용법, 잼 만드는 법, 여러 가지 디저트 만드는 법이 전래되었다.

프랑스의 고전 요리는 신선하고 우수한 음식 재료, 재능 있는 조리사, 간단하고 예술적이며, 완전한 표현 양식, 미묘하고도 균형 있는 맛, 감상할 줄 아는 고객 등이 완벽하게 조화된 요리였다. 17세기 말에는 차, 커피, 코코아, 아이스크림과 특히

Dom Pergnon이 샴페인을 발명하여 큰 변혁을 이루었다.

루이 14세(1638~1715) 때는 프랑스 문화가 유럽 전체에 파급되어 유럽의 각 궁전과 귀족들이 그들의 요리와 음료부문의 전권을 프랑스 요리장에게 맡길 정도였다. 이때의 요리는 세련되기는 하였지만 실제 내용보다는 눈에 보기 좋은 요리였다. 이러한 프랑스의 요리는 질 좋은 식재료와 귀족 등의 비호 속에서 19세기까지 세계적인 명성을 유지하였으나, 제1차 세계대전 전에는 이러한 요리방법이 자취를 감추고 요리의 단순화 경향이 대두되었다. 이 단순화된 요리는 요리의 질이 떨어진 것이 아니고 음식을 담아내는 방법과 서비스를 신속히 하여 비용을 절감하는 실리적인 방법으로 조리기술의 기본을 만들었던 것이다.

20세기 초 에스코피에르(Auguste Escoffier, 1847~1935)는 지금까지 현재 프랑스요리를 체계화시켜 프랑스요리의 기본이 되는 요리를 완성시켰다. 그의 저서 『Le Guide Culinair』에서 프랑스 고전요리를 원칙적으로 하여, 초기의 겉만 화려하고 맛이 없는 음식은 삭제하고, 외국의 진귀한 요리들을 소개하였다. 이렇게 시대의 변화에 따라 요리의 역사도 끊임없이 변화되어 왔으며, 앞으로도 변화되어 갈 것이다.

2. 서양요리를 대표하는 나라별 요리

1) 프랑스요리

프랑스는 지중해와 대서양에 접하고 기후가 온화하며, 농산물 · 축산물 · 수산물이 모두 풍부하여 요리에 좋은 재료를 제공하고 있다. 프랑스인들은 특이한 재료와 섬세한 요리법을 이용하여 음식의 맛을 즐길 줄 알았기에 프랑스요리는 많은 발전이 있었다. 프랑스요리의 역사를 이해하기 위해서는 역사적 배경과 함께 미식가와 요리의 발전에 대하여 알아보는 것이 중요하다.

이 당시 사회적 권위의 상징은 사치스런 요리를 접할 수 있는 것인가에 있었다. 이 전통은 중세 때 확립되었고, 17세기 프랑스요리의 근대적 혁명에서 서서히 형성되었다.

프랑스요리의 발전 계기는 이탈리아 카트린 메디치가 앙리 4세에게 출가할 당시 미개의 나라 프랑스로 솜씨가 뛰어난 조리사를 데리고 가게 되었으며, 이로 인해 이탈리아요리가 전해져 프랑스요리의 르네상스가 되었다. 그 이탈리아의 조리사에게서 프랑스 궁중의 요리사가 배웠고, 당시 파리에 요리학교가 생겨 많은 요리사가 양성되었다.

17세기 프랑스 식습관의 형식, 내용면에서 큰 변화가 일어났다. 전 반세기는 앙리 4세의 요리장 라바렌의 출현이고, 19세기에 와서 프랑스요리의 진정한 창시자라 칭하는 마리 앙뜨와 까렘(Marie Antoine Careme)의 출현이다. 그는 기본소스를 구분과 파생을 체계화시켰다. 20세기의 조르주 오귀스트 에스코피에(George-Auguste Escoffier, 1846~1935)는 까렘을 비롯한 여러 주방장들의 업적을 집대성하여 현대 프랑스요리의 규범으로 알려진 저서 『르 귀드 커리넬리』(*Le Guide Culinaire*, 1912)의 출판을 통하여 프랑스요리를 기록화시키고 체계화시켰다. 그는 프랑스 정부로부터 훈장을 수여받았으며, 요리사의 사회적 지위를 높이는데 큰 공헌을 하였다.

프랑스요리는 당시 사회를 지배했던 기독교의 영향을 받아 금육시기와 고기를 먹을 수 있는 날의 요리와 구별되어 발전되어 왔다. 중세의 기본적인 음식은 빵과 수프, 포도주 등이 있었다. 그러나 가난한 이는 야채만을 섭취했다.

중세요리의 귀족식단을 살펴보면 신분이 높은 사람 앞에만 나이프가 놓여졌다. 이전까지는 접시를 사용할 줄 몰랐으며 액체로 된 음식을 담을 때 사발을 이용했다. 상류계급일수록 고기를 위주로 한 메뉴가 준비되었고, 고기 냄새를 없애주는 육두구와 후추를 이용하면 최고의 성찬이었다.

중세요리에 특이한 것이 향신료 사용을 들 수 있다. 향신료를 유별나게 많이 사용하는 이유는 건강 때문이다. 향신료는 위장병의 치유와 소화작용 향상 및 고기의 부패를 방지하는 방부제 역할도 하기 때문이다.

17~18세기 중세요리에는 오직 상류층의 식습관을 반영하고 있었다. 이 때 사회계층의 다양한 문화가 교류되면서 서민을 위한 요리가 등장하였다. 이 시대는

자연의 맛을 최대한 살린 음식을 발전시켰다. 17~18세기의 식탁예절은 더 개인주의화 되고 우아하며 세련되었다. 그리고 수프를 담기 위해서는 우묵하게 파인 그릇을 이용하였다.

19세기에는 고전적인 미식가를 탄생시켰다. 혁명을 통해 갑자기 부유해진 신흥부자들이 레스토랑을 자주 이용하였고, 이들은 귀족적인 식도락의 예절이나 포도주를 마시는 예법도 제대로 알지 못하였다.

19세기 말 상차림은 요리의 가짓수가 너무 많은 것이 특징이다. 당시 연회행사에는 모든 요리가 식탁 위에 한꺼번에 차려져 손님들이 원하는 음식을 마음껏 고를 수 있었다.

근대적 프랑스요리는 지역주의, 지역화가 이루어졌다. 관광산업을 위한 호텔산업이 본격적으로 등장함에 따라 관광의 식도락 결합으로 그 두각을 나타내었다. 식탁의 무진장한 보고를 찾아 헤매는 사람들은 프랑스의 한 지역을 머무르기보다는 오랫동안 등한시 해왔던 전국 각 지역의 다양한 지방색의 요리를 두루 섭렵했다.

프랑스인은 잘 입는 것보다는 잘 먹는 것을 선택한다. 음식에 평생을 바친다는 이야기가 있을 정도이다. 20세기 말 다이어트식은 지나치고 무거운 식단과 과대한 열량에 대항해 생겨났으며, 이는 대중적인 현상이라 볼 수 있다.

2) 이탈리아요리

이탈리아요리는 파스타이며, 이탈리아요리를 크게 나누어 공업이 발달한 밀라노를 중심으로 한 북부요리와 해산물이 풍부한 남부요리로 나눌 수 있다. 이탈리아는 지형적으로 삼면이 바다인 반도로 형성되어 있다. 국토는 산이 많아 대부분 목축지이며, 여기서 생산되는 양질의 밀은 좋은 파스타의 원료로 사용되어진다. 북부의 대표적인 요리는 쌀을 이용한 폴렌타(Polenta)와 리조토(Risotto) 등이 유명하며, 아드리드해에서 잡히는 정어리, 게, 뱀장어와 알프스지방에서 흘러나오는 맑은 물에서 잡히는 송어 등의 생선요리가 있다. 남부 중심지인 나폴리에는 피자(Pizza)가 유명하고 시실리 등에는 파스타(Pasta)요리가 유명하다.

"이탈리아인을 알고 싶으면 그들과 함께 식탁에서 파스타를 먹고, 이탈리아를 이해하려면 아내를 도와 스펀지로 설거지를 하라."는 속담을 통해서 우리는 이탈리아가 파스타의 나라이며 스펀지가 물을 흡수하듯 과거 주변의 모든 정치, 사회, 경제적인 변화들을 수용했다는 사실을 알 수 있다.

로마인들의 중세까지의 식생활 문화는 그리스인들과 달리 자연을 경제적으로 중요한 자원으로 여기기보다는 야만족인들의 세계로 간주했다.

고대 그리스와 로마의 육식문화는 주로 지배계층들의 것이었다. 그러나 종교적인 축제와 헌물 의식에서 요리한 고기를 평민들에게 나누어 주기도 했다. 육류와 생선 음식들은 재력가와 귀족들만 먹을 수 있었으며, 일반인들은 곡물류를 비롯한 식물성 음식으로 자신들의 뱃속을 채울 수 있기만을 바랐다. 르네상스 시대와 근대 음식문화는 차별성에서 동질성으로 이행하는 특징을 갖는 이탈리아 음식문화이다.

르네상스시대에 접어들면서 대규모의 정치, 사회적인 변동을 암시하는 사건들이 발생했다. 특히 농민계층들 사이에서 변화가 두드러지게 나타나고, 지배계층들은 점차적으로 다른 사회계층들의 생활방식을 정착시키거나 고착하면서 자신들의 고유한 영역을 구축하는 데에 많은 관심을 가졌다. 사회의 변동과 같이 입맛에도 변화가 일어났다. 그 결과 음식문화는 조류, 특히 꿩과의 새 요리들이 가장 수요가 많았다. 새고기가 인기가 좋았던 이유는 인간사회의 계층적 질서와 하늘을 나는 새의 특성이 일치했기 때문이다. 또한 15~16세기에 사슴과 멧돼지의 고기는 숲이 대대적으로 파괴됨에 따라 공급이 수요에 미치지 못했기 때문에 귀족들로부터 많은 사랑을 받았다. 이 시대 부자들은 흰색의 고기요리와 비교적 위에 부담을 적게 주는 생선요리를 선호했다.

요즈음 이탈리아에서는 어느 도시에 가든지 패스트푸드점을 발견하는 것은 그리 어려운 일이 아니다. 신세대의 음식이라고 불리는 햄버거, 감자튀김, 코카콜라의 물결은 이탈리아의 입맛을 국적 불명으로 만들고 있다. 이탈리이의 이이들을 모정의 반찬으로부터 점차 멀어지게 만들고 있는 것 또한 사실이다. 그럼에도 불구하고 이탈리아의 가정들을 중심으로 파스타(또는 스파게티)와 피자는 특히

"엄마의 사랑이 담긴" 파스타가 차지하는 위치는 프리모 피아토(Primo Piatto : first dish)로서 절대적인 위치이다. 오늘날 반도의 국명보다 더 유명한 파스타와 피자는 가장 이탈리아적인 음식이면서 동시에 가장 세계적인 음식으로 자리 잡고 있다.

음식문화의 차원에서도 이탈리아는 복잡한 역사적 현실과 자연환경의 요인으로 다양한 음식문화를 꽃피울 수 있었다. 이탈리아는 다른 선진문화지역에서 공통적으로 찾아볼 수 있는 뜨거운 음식들 중심으로 육류와 빵으로 대표되는 동물성과 식물성 재료들이 이상적인 결합에 기초한 음식문화의 전통을 가지고 있다. 또한 이탈리아의 음식문화는 역사적인 영향 이외에도 반도로서의 지리적 특성과 지중해성 기후의 혜택, 그리고 직접적인 지배를 통해 성숙되었다. 따라서 이탈리아는 대중적인 음식보다는 오히려 토속적인 성향의 수많은 음식들을 발전시켰으며, 이에 비례하여 거시적으로는 스펀지와 같은 성격의 문화를 탄생시켰다.

이탈리아인들의 식생활은 전통적으로는 다섯 번의 식사가 있다.

(1) 아침식사 – 꼴라찌오네(Colazione)

대부분 진한 에스프레소 커피 한 잔 정도로 때운다. 먹는다고 해도 곁들임으로 크루아상이나 브리오슈 같은 빵 한 조각을 먹는 정도이다.

(2) 스뿐띠노(Spuntino)

오전 11시를 전후해서 아이들은 학교에서 간식으로 가져간 빵을 먹고 직장인들도 바에 나가 간단하게 빵과 커피를 마신다.

(3) 점심식사 – 쁘란쪼(Pranzo)

시에스타(Siesta, 낮잠)가 있어서 대부분의 상점은 오후 1시 무렵부터 4시 경까지 문을 닫는다. 이 때문에 집에 가서 느긋하게 정찬으로 점심을 즐기는 경우가 많은데, 요즘 직장인들은 회사 근처에서 간단히 때우는 경우가 많다.

(4) 메렌다(Merenda)

오후 4시 경에 다시 오후 업무가 시작되고 나서, 5시 무렵 거리의 Pizzeria에서 조각피자를 먹거나 집에서 구운 케이크와 커피를 마신다.

(5) 저녁식사 – 체나(Cena)

오후 일과는 대개 7시 반경 끝나게 되므로 저녁식사는 보통 8시 반 전후로 갖게 된다. 이탈리아인들은 온 가족이 다함께 식사하는 것을 매우 중요하게 생각한다. 주로 저녁식사 때 온 가족이 모여 정찬을 즐기는 경우가 많다.

이탈리아의 정찬코스는 다음과 같다.

(1) 식전음식 & 식전주 – 아뻬르 띠보(Apertivo)

결혼식과 같은 큰 행사 때 주로 먹는 요리, 즉 전채요리 전에 나온다. 스탠딩 형식으로 서서 마시는 와인(식전주)이다(와인 : 스파클링 와인, 스푸만테(Spumante) 등).

(2) 식전음식 – 스뚜 찌끼니(Stuzzichini)

간식의 의미보다는 식사하기 전에 먹는 음식으로써 호박꽃을 튀겨먹거나 방울토마토를 몇 개 먹기도 한다. 그리고 부루스케타(Bruschetta), 올리베 알 아스콜라나(Olive al ascolante), 포카치아(Focaccia) 등이 있다.

(3) 전채요리 – 안띠 빠스또(Antipasto)

식사 전 입맛을 돋우기 위한 요리들이다. 간단한 야채나 마리네이드한 어패류와 같이 새콤하고 짭짤하면서도 산뜻한 맛을 강조해서 식전에 입맛을 돋우는 역할을 한다.

① 프레도(Antipasto Freddo ; 냉 전채) : 연어요리나 지중해식 참치요리, 쇠고기 카르파초(쇠고기를 날 것으로 얇게 저며 썰어 올리브 오일, 식초, 마요네즈에 잰 것), 토마토 카나페 등이 있다. 주로 올리브 오일을 사용한 차가운 메뉴가 많은 것이 특징이다.

② 칼토(Antipasto Caldo ; 온 전채) : 더운 전채를 말한다.

(4) 첫 번째 요리 쁘리모 삐아또(Primo-Piatto)

첫 번째 접시라는 뜻의 의미로, 첫 번째 요리를 말한다. 전채요리 다음에 먹는 요리로써 곡류를 이용한 요리를 주로 먹는다.

예를 들어, 스파게티나 핏찌를 먹으며, 저녁 식사에는 주로 주빠(수프)를 먹는다.

① 파스타류(Paste)

건면과 생면이 있는데, 지역에 따라 낮에는 착색 파스타나 소가 든 파스타를 먹으며, 저녁에는 수프 종류를 먹는다.

② 뇨끼(Gnocchi)

떡이라는 뜻의 의미로, 감자나 치즈를 이용해 반죽을 떼어 삶아 먹는 한국의 수제비 형태의 요리로, 각종 야채, 빵조각, 향초 등으로 만들 수 있다. 하지만 한국의 수제비처럼 끓여먹지는 않으며, 원조는 독일이다.

③ 리조또(Risotto)

쌀을 이용한 음식으로 야채 및 버섯, 고기, 생선을 이용해 끓여 먹는 요리이다. 반드시 육수로 이용해 볶아야 깊은 맛을 즐길 수 있다.

④ 피자(Pizza)와 칼조네(Calzone)

피자는 밀가루 반죽 위에 토마토소스와 야채, 해산물, 치즈를 얹고 구워내는 요리이다. 칼조네는 로마와 나폴리가 기원이라는 설이 있다.

⑤ 미네스트라(Minestra) : 맑은 것

미네스트로네(Minestrone) : 국물이 거의 없는 상태(우리의 미음 농도)

주빠(Zuppa) : 찌개처럼 국물이 적은 것

서양식 수프로 우리에게 잘 알려진 미네스트롱 수프이다. 걸쭉한 것과 맑은 것이 2가지 종류가 있는데, 걸쭉한 것은 주로 파스타를 많이 넣어 끓인 수프이다. 맑은 것은 야채나 곡류, 콩류를 넣어 끓이며 주빠는 생선을 많이 사용한다.

(5) 두 번째 요리 - 세꼰도 삐아띠(Secondo-Piatto)

생선이나 해물, 고기(송아지), 양고기, 야생고기(멧돼지, 꿩, 산비둘기, 토끼 등), 조류 등을 이용한 메인 디시에 해당되는 요리이다. 송아지 고기를 이용한 밀라노식 커틀릿, 티본을 이용한 피렌체식 스테이크, 생 햄을 싸서 구운 송아지 고기, 힘줄이 있는 송아지 고기를 조린 것 등이 유명하다.

조리법은 주로 간단해서 찜이나 조림, 소테, 팬 프라이, 구이 하는 것이 중심이 된다.

(6) 곁들임 야채 - 꼰또르니(Contorni)

메인요리에 곁들이는 야채요리로서 샐러드(Insalada)나 더운 야채 가니시의 형태로 제공된다.

(7) 치즈 포르마조(Formaggo)

여러 가지 치즈를 다양하게 먹는 이탈리아인들은 각자의 기호나 취향에 맞게 치즈를 즐긴다. 경질 치즈에 속하는 파머산 치즈나 그라나 파다노를 밀가루반죽을 입혀 튀겨 먹는다.

(8) 디저트 - 돌체(Dolce)

식사 후 치즈를 다음으로 먹는 케이크나 과일 디저트 등의 달콤한 음식, 산뜻한 맛의 아이스크림이나 달콤한 Tiramisu, 바바로아에 캐러멜 소스를 뿌린 판나코타(Pana Cotta), 멜렝게와 생크림을 이용한 카사타, 딱딱하고 달콤한 비스코티를 술에 담가 먹는 것도 이탈리아인들만의 독특한 디저트이다.

(9) 단과자 - 빠스티체리아(Pasticceria)

그대로 해석하면 '작은 과자' 라는 의미이다. 주로 만들어서 먹거나 구입하여 입맛에 맞게 요리를 해서 먹는 종류의 단과자이다.

(10) 식후주 – 리퀴르(Liquore)

식사 후 독하게 먹는 식후주로 그라빠(Grappa), 아모로(Amoro), 레몬맛이 강한 리몬첼로(Limoncello) 등을 주로 먹으며, 리퀴르의 도수는 25~80도에 이른다.

(11) 차와 커피 – 까페(Caffe)

이탈리아인들은 식후주 뿐만 아니라 진하게 먹는 편이다. 아주 강한 향과 맛을 즐기기 위한 커피가 바로 에스프레소(Espresso)이다. 소주잔 정도 크기의 잔에 1/2 정도만 뽑아먹는데, 맛과 향이 무척 강하고 진하다.

Basic Western

Cooking

메뉴의 종류

제2장 메뉴의 종류

1. 정식 메뉴

정식 메뉴(Table d'Hote Menu)는 정해진 순서에 따라서 제공되는 메뉴로서 고객은 그 메뉴 내용이 구성하고 있는 각각의 요리품목을 주문할 필요가 없다. 즉 정해진 가격에 의해 정해진 순서대로 제공되는 요리를 말한다. 현대에 와서는 비슷한 메뉴를 통합하여 3 Course, 5 Course, 7 Course, 9 Course 등으로 이루어지고 있는데, 대부분 7 Course 메뉴가 가장 보편적이다.

이러한 정식 메뉴의 구성 내용을 살펴보면 다음과 같은 순서로 제공된다.

순서	메뉴의 종류	영어 명칭
1	찬 전채	Cold Appetizer
2	수프	Soup
3	온 전채	Warm Appetizer
4	생선	Fish
5	주요리	Main Dish
6	더운 주요리	Warm Main Dish
7	찬 주요리	Cold Main Dish
8	가금류 요리	Roast
9	더운 야채요리	Warm Vegetable
10	찬 야채요리	Cold Vegetable
11	더운 후식	Warm Dessert
12	찬 후식	Cold Dessert
13	생 및 조림과일	Fresh or Stewed Fruit
14	치즈	Cheese
15	식후 음료	Beverage

위와 같은 많은 순서가 현대에 와서는 다음과 같은 순서로 사용되어가고 있다.

① 5 Course

Appetizer → Soup → Main Dish → Dessert → Beverage

② 7 Course

Appetizer → Soup → Fish → Main Dish → Salad → Dessert → Beverage

③ 9 Course

Appetizer → Soup → Fish → Sherbet → Main Dish → Salad → Dessert → Beverage → Pastries

호텔에서 제공되는 정식 메뉴의 예

WESTERN SET MENU

제주 전복, 청가재와 가리비 샐러드
Marinated Abalone, Langoustine and Scallop salad

한라산 꿩 콘소메
Mount Halla Pheasant Consomme with Morel Mushrooms

낭투아 소스와 왕새우구이
Grilled King Prawn with Nantua Sauce

인삼 셔벳
Ginseng Sherbet

타라콘 소스와 쇠 안심구이
Sauteed Fillet of Beef with Tarragon Sauce

시저 샐러드
Caesar Salad

티라미슈
Tiramisu Cake

커피 또는 홍차
Coffee or Tea

프랑스식 생과자
French Pastrice

2. 일품요리 메뉴

일품요리 메뉴(A La Carte Menu)란, 고객의 기호에 따라 한 품목씩 자유로이 선택하여 먹을 수 있는 차림표를 말하는데, 이것을 표준차림표라고도 한다. 한 품목씩 가격이 정해져 있어 고객이 선택한 품목의 가격만큼 지불하면 된다.

일품요리 메뉴는 서기 1792년 프랑스혁명 후 파리에 많은 외국 정부의 대표들이 모여 호텔에서 장기간 생활하고 있었는데, 그 당시 호텔에서는 정식메뉴였기 때문에 매일 반목되는 똑같은 메뉴에 권태를 느끼게 되었다. 이러한 친지 또는 친구의 초청을 받아 가정에서 식사를 할 경우에 자기 식성에 맞는 식사를 할 수 있는 정도였다. 그런데 이 무렵 수프를 만들어 내는 음식점이 생겨 처음에는 아무렇게나 끓여 먹었으며 며칠씩 묵은 딱딱한 빵과 같이 판매했는데, 이것이 인기가 있어 차츰 진보되어 수프에 고기, 야채 등을 넣고 끓여서 대중에게 제공하게 됨으로써 그 명칭이 Restaurtant이라 불리게 되었으며, 이것이 일품요리를 만들어 제공하는 시초가 되었다.

일품요리 메뉴는 식당에서 주된 차림표로서 그 구성은 가장 전통적인 정식 식사의 순서에 따라 각 순서마다 몇 가지씩 요리품목을 명시한 것으로, 현재 각 식당에서 사용하는 메뉴는 일반적으로 거의 다 일품요리 메뉴이다. 이 메뉴는 한 번 작성되면 장기간 사용하게 되므로 요리준비나 재료구입 그리고 조리업무에 있어서는 단순화되어 능률적이라 할 수 있으나, 원가상승에 의해 이익이 줄어들 수도 있고, 단골고객에게는 신선한 매력이나 맛을 느낄 수 없게 되어 판매량이 줄어들 수 있으므로 고객의 호응도를 감안하여 새로운 메뉴 계획을 꾸준히 시도해야만 한다.

일품요리의 메뉴는 정식요리의 메뉴에 비해 다음과 같은 특징이 있다.

① 가격이 정식 메뉴보다 비교적 비싼 편이다.

② 고객의 기호에 띠리 다양하게 메뉴를 선택할 수 있다.

③ 제공되는 요리 품목의 구성이 다양하다.

④ 메뉴의 종류가 많아 식재료의 관리가 어렵다.

호텔에서 제공되는 일품 요리의 예

WESTERN A LA CART MENU

Soup of the Day
오늘의 수프

French Onion Soup with Gratined Cheese
양파 수프

Caesar Salad
시저 샐러드

Fresh Garden Salad
신선한 계절 야채샐러드

PASTAS, SANDWICHES AND BURGER

Seafood Spaghetti with Tomato Sauce
토마토 소스의 해산물 스파게티

Spaghetti Carbonara
카르보나라 스파게티

Club Sandwich
클럽 샌드위치

Cheese Burger
치즈 버거

MAIN DISHES

Grilled Beef Tenderloin and Fresh Lobster with Chili Sauce
칠리소스의 바닷가재와 쇠안심 스테이크

Grilled Beef Tenderloin
쇠안심 스테이크

Grilled Rib-eye
미주산 등심 스테이크

Pork Cutlet
흑돼지 커틀렛

Texas Hamburger Steak
햄버거 스테이크

Choice of Sauce(Truffle, Red Wine, Mushroom, Peppercorn)
소스 선택(트뤼플, 레드 와인, 양송이, 통후추)

ASIAN SPECIALITIES

Pilaf(Beef, Shrimp or Vegetable) with Woodong Soup
볶음밥(쇠고기, 새우 또는 야채)

Stir-fried Beef and Vegetable in Oyster Sauce and Steamed Rice
굴 소스의 쇠고기 야채볶음과 라이스

Woodong
우동

DESSERT

Seasonal Fresh Fruit
신선한 계절 과일

Choice of Ice Cream(Vanilla, Chocolate, Strawberry)
고객이 선택하는 아이스크림

SPECIAL ORDER MENU

Maison Tenderloin Steak
메종 안심 스테이크

Live Lobster Thermidor, Grilled, Steam
신선한 호주산 바닷가재

Pañ-fried Fresh Abalone Steak
제주 자연산 전복 스테이크

Fresh Goose Liver Steak
후레쉬 거위간 스테이크

3. 특별 메뉴

호텔 레스토랑이나 전문 레스토랑에서 제공하는 특별메뉴(Special Menu : Carte De Hour)는 원칙적으로 매일 시장에서 특별한 재료를 구입하여 주방장이 최고 기술을 발휘함으로써, 기념일이나 명절과 같은 특별한 날이나 계절에 장소에 따라 그 감각에 맞는 산뜻한 입맛을 자아내어 고객의 식욕을 돋우게 하는 메뉴이다.

특별메뉴를 제공함으로서 매일매일 시장정보에 의한 신선한 식품의 구매와 준비된 최고의 상품으로 신속하고 질 높은 서비스를 할 수 있으며, 식재료의 재고품 판매를 꾀할 수 있다. 또한 고객이 그날의 메뉴를 선택할 때 쉽게 접근할 수 있는 분위기를 제공함과 동시에 업장 매출액을 한층 더 증진시킬 수 있다.

호텔에서 제공되는 특별 메뉴의 예

VALENTINE MENU

Avocado salad with shrimp
새우를 곁들인 아보카도 샐러드

Mint flavored carrot cream soup with smoked scallop
훈제 관자와 민트향의 당근 크림 수프

Nest of noodle with veal ragout, fresh tomatoes and basil
송아지 소스의 특선 파스타

Grilled beef tenderloin with shallot scented chanterelle and garlic chips
마늘과 버섯을 곁들인 쇠 안심 스테이크

Saint Valentine symphony
발렌타인 특선 디저트

Coffee or tea
커피 또는 홍차

4. 연회 메뉴

연회 메뉴(Banquet Menu)는 정식메뉴와 일품요리 메뉴의 장점과 독특한 성격만을 혼합하여 만든 메뉴로서 많은 식당에서 사용하는 메뉴의 하나이다. 보통 연회를 하기 전에 가격과 질에 따라 다양한 메뉴를 연회를 하려는 고객과 상의하여 고객이 요구하는 요리의 종류와 가격을 선택하여 연회 시에 이용하는 메뉴이다.

호텔에서 제공되는 연회 메뉴의 예

WESTERN SET MENU

제주 도미, 광어와 참치 전채
Rose of Fresh Tuna, Turbot and Sea Bream with Caviar

바닷가재를 넣은 컬리후라워 크림 수프
Cream of Cauliflower Soup with Lobster

커리향의 버터 소스와 메로찜
Steamed Fillet of Mero with Curry Flavored Butter Sauce

제주 망고 셔벗
Jeju Mango Sherbet

적포도주 소스의 쇠안심구이
Sauteed Fillet of Beef with Red Wine Sauce

계절 샐러드
Seasonal Green Salad

초콜릿 무스와 루발브 소스

Chocolate Mousse with Rhubarb Sauce

커피 또는 홍차

Coffee or Tea

프랑스식 생과자

French Pastries

KOREAN SET MENU

불고기 냉채

Beef Bulgogi with Green Salad

영양 잣죽

Pine Nuts Porridge with Abalone and Shrimps

모듬회

Assorted Sashimi

전복 야채볶음

Sauteed Abalone with Vegetables

궁중 신선로

Shin Sul Ro(Casserole)

제주 옥돔구이

Broiled Jeju Red Snapper

진지와 송이 완자탕

Steamed Rice and Pine Mushroom Soup

신선한 계절 과일, 삼색경단

Seasonal Fresh Fruit and Rice Cakes

식혜

Korean Rice Punch

5. 바비큐 메뉴

현대호텔에서 바비큐 요리의 개념은 여러 가지 차가운 요리와 더운 요리의 형식으로 메뉴가 구성되어 있는데, 차가운 요리는 미리 사전에 주방에서 준비하여 야외부페장에 세팅을 하고, 더운요리는 대부분 즉석요리로 진행된다.

요리사들이 사전에 메뉴에 따라 재료를 준비하여 야외에 설치한 간이 숯불화덕에서 해산물구이, 육류꼬치구이, 통바비큐 구이를 비롯한 서양요리, 한국요리, 일본요리, 중국요리 등 해산물요리, 파스타, 튀김요리, 초밥, 사시미 등 즉석요리를 총칭하여 바비큐 메뉴라 한다.

호텔에서 제공되는 바비큐 메뉴의 예

BBQ BUFFET MENU

Cold	신선한 굴 또는 새우 칵테일	*Fresh Oysters or Shrimp Cocktail*
	훈제 연어와 가니쉬	*Smoked Salmon with Condiments*
	모듬 치즈	*Assorted Cheese Plate*
	쇠안심 카르파초	*Beef Carpaccio with Chilli Sauce*
	모듬 야채구이	*Assorted Grilled Vegetables with Balsamic*
Salad	텍사스식 감자 샐러드	*Texas Potato Salad*
	물소치즈 샐러드	*Buffalo Mozzarella and Tomato Salad*
	제주 해산물 샐러드	*Jeju Seafood Salad*
	모듬 특선 야채	*Assorted Green Salad*
	모듬 빵 바구니와 버터	*Assorted Bread Basket and Butter*
Porridge	제주 전복죽	*Jeju Abalone Porridge*
BBQ	제주 통돼지 바비큐	*Barbecued Suckling Pork with Sauce*
	쇠갈비 숯불구이	*Charcoal Broiled Beef Short Ribs*
	양갈비 숯불구이	*Charcoal Broiled Lamb Chop*
	제주 뿔소라 숯불구이	*Charcoal Broiled Top Shell*
	바닷가재 숯불구이	*Charcoal Broiled Lobster Tail*
	야채 숯불구이	*Roasted Vegetables*

Hot	제주 통도미찜	*Jeju Whole Sea Bream with Oriental Sauce*
	민물 장어구이	*Broiled Eel with Teriyaki Sauce*
	사프랑향의 해산물 볶음밥	*Saffron Flavored Seafood Rice*
	중국식 해삼, 전복	*Braised Sea Cucumber and Abalone*
	모듬 더운 야채	*Sauteed Hot Vegetables*
Oriental	메밀소바	*Soba Noodles*
	제주 우뭇가사리	*Seasoned Seaweed Jelly*
	배추 김치, 오이 소박이	*Cabbage Kimchi, Cucumber Kimchi*
	모듬 생선 초밥 코너	*Assorted Sushi Trolley*
	모듬 생선회	*Assorted Sashimi Plate*
Dessert	모듬 계절 과일	*Sliced Seasonal Fresh Fruit*
	호두파이, 치즈 케이크	*Pecan Pie, Royal Cheese Cak*
	티라미수, 초콜릿 무스	*Tiramisu, Chocolate Mousse*
	생과자	*French Pastries*
	제주 오미자차	*Jeju Omija Tea*
	커피 또는 홍차	*Coffee or Tea*

6. 스탠딩뷔페 메뉴

칵테일파티에 식사 전 요소가 가미된 요리 중심의 식단이 작성되며 스탠딩뷔페(Standing Buffet Menu)는 양식 요리가 추가되며 중식, 일식, 한식요리 등이 함께 곁들여지는 것이 특징이므로 고객들의 취향에 맞는 요리와 음료를 마음껏 즐길 수 있도록 때로는 연회장 벽쪽으로 의자도 배열하여 고객의 편의를 제공하기도 한다. 이 뷔페는 한 손에 접시를 들고 다른 한 손은 포크를 들고 서서 하는 식사라고 정의할 수 있는데, 이러한 식사형태는 공간이 비좁아서 테이블과 의자를 배치할 수 없는 경우에 적합하다.

7. 칵테일 메뉴

칵테일 파티(Cocktail Party)는 여러 가지 주류와 음료를 주제로 하고 오드볼(Hors d'Oeuvre)을 곁들이면서 스탠딩(Standing) 형식으로 행해지는 연회를 말하며, 테이블 서비스 파티나 디너 파티에 비용이 적게 들고 지위고하를 막론하고 자유로이 이동하면서 자연스럽게 담소할 수 있고, 또한 참석자의 복장이나 시간도 별로 제약받지 않기 때문에 현대인에게 더욱 편리한 사교모임 파티이다.

Basic Western

Cooking

제 3 장

주방 직무역할 및 조리인의 자세와 정신

제3장 주방 직무역할 및 조리인의 자세와 정신

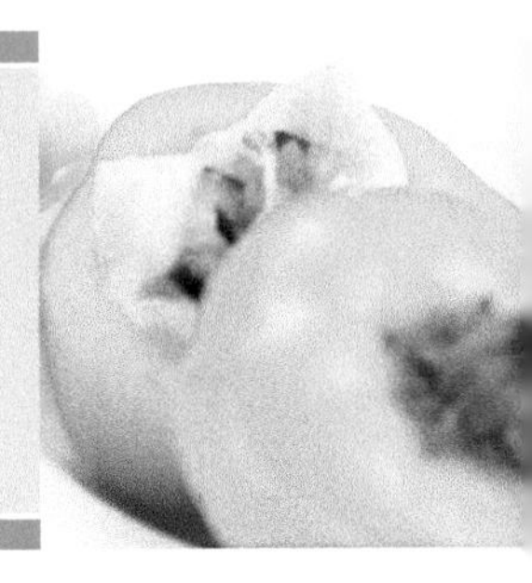

1. 주방의 직무역할

일반호텔 조직은 주방장, 부주방장, 1st Cook, 2nd Cook, Cook, Cook Helper의 직책으로 되어 있다. 먼저 주방장은 주방운영 전반에 대한 책임자이기에 인원관리, 매출관리, 행정, 시설유지 등을 책임진다. 따라서 모든 주방 운영사항을 기획하고 실행하며 평가하는 경영감각이 뛰어나서 주방요리사 등의 업무분배를 적절히 하고 조화 있고 짜임새 있는 운영에 관심을 보여야 한다. 반면 주방장을 제외한 요리사 모두는 주방장이 불필요하게 정신적으로 스트레스를 받지 않도록 각자 노력하여야 하며 각자 역할, 업무 분담을 명확히 하여 전체적으로 원활한 영업이 이루어질 수 있도록 한다.

(1) 주방장(Chef)

주방장(Chef)은 주방에서 가장 높은 직책으로 주방 기능이 원활히 협조되어 운영되도록 조절하는 주방의 총 지휘자이다. 주방의 조리업무관리 및 시설 등을 총괄하여 주방의 운영기획을 하는 최초의 입안자이고, 조리에 있어서는 오랜 연구와 경험에 의하여 기술을 후배에게 전수하여 최고의 요리가 손님에게 제공될 수 있도록 하여 그날그날 매출, 식자재, 인원점검, 기술의 소화 축적 등에 더 많은 연구와 노력을 하는 것이 주방장의 의무이다.

주방장의 업무

- 정기적인 메뉴개발을 한다.
- 일일 식재료 구입을 총괄하여 주문한다.
- 정기적으로 시장조사를 하여 사용하도록 한다.
- 스페셜, 계절요리 등 신상품 개발을 한다.
- 주방운영 현황, 업무진행 상태를 검토하여 개선책을 연구한다.
- 중 · 단기계획을 세운다.
- 타경쟁사 매출, 고객수 신장률을 점검한다.
- 조리사 후생복지, 안전관리 및 발전에 관심을 가짐으로써 효율적인 주방관리를 하도록 한다.
- 매출관리, 원가관리, 위생관리, 시설관리를 한다.

(2) 부주방장(Assistant Chef)

부주방장(Assistant Chef)은 주방장을 보좌하여 기능적인 면, 실무적인 면에서 강해야 한다.

현장에서 주방인원을 감독하고 주방장 대행업무가 주업무이다.

- 완성된 요리의 체크
- 부서의 유기적인 협조 도모
- 주방기기 및 기물관리
- 주빙창고 관리
- 주방장 업무보좌
- 조리사들의 연장, 휴일, 야근수당 등을 주방장에게 보고한다.

(3) First Cook(요리장, 조리장, 전문요리사)

First Cook(요리장, 조리장, 전문요리사)은 각 부서의 조장으로서 요리업무의 실무면에서 탁월한 기능을 소지하며 업무의 노하우를 가장 많이 알고 있는 요리사이다. 주방운영에 관하여 중간관리자 역할을 수행하고 주방장에게 주방 내 모든 제반사항에 관하여 1차 보고자이며 주방장, 부주방장의 유고나 부재 시 업무대행 역할을 한다.

- 조원의 업무를 감독, 담당 부서의 업무를 총괄
- 요리의 마지막 처리, 담당기기 및 기물유지 관리, 식재료유지 감독
- 주방의 운영현황 업무 진행상태의 보고
- 주방 내 조리사 간의 협동 및 동료애 등 동기부여를 위한 모임 주선
- 주방의 소모품, 식자재 등 선입, 선출에 입각한 원가의식을 조리사 등에게 주입
- 영업준비 및 마감 마무리
- O.J.T.교육 및 현장교육 훈련, 전날의 모든 업무결과를 분석 토의

(4) 2nd Cook(숙련요리사)

2nd Cook은 조리장을 보좌하며 실무경력이 풍부하여 일반 Cook 업무를 지도하고 요리의 중요한 업무를 수행하는 사람으로 상사의 업무지시에 따라 업무를 수행한다. 그리고 모든 업무 확인, 체크 후 보고하는 것이 임무이다.

- 담당부서를 보좌 관리한다.
- 식재료를 파악하고 필요한 식재료 신청
- 담당부서에서의 필요한 베이스요리를 준비한다.

(5) Cook Helper(요리사 보조원)

Cook Helper(요리사 보조원)는 일반적으로 키친 헬퍼(Kitchen Helper), 쿡 헬퍼(Cook Helper)로서 직무의 개념을 보면 주방에서 청소, 생식품 조리하기 위한 준비과정을 담당하는 직책이다. 조리사 보조원은 영양, 위생, 과학적인 조리지식을

체계적으로 익혀 조리분야에서 항상 선구자적인 역할을 해야 한다.

주방에서의 일반적인 업무로는 기초 식재료 수령, 주방 청결상태 등을 확인한다.

2. 조리인의 자세와 정신

(1) 자세

단자의 인식을 심어 주는 것이 부서의 책임자나 전체 부서를 책임지는 지도자는 그 부서의 핵심이자 회사를 대표하고 있으며 얼굴이기도 하다. 그러므로 지도자는 인격과 상식뿐만 아니라 예절을 바로 하고 언어와 몸가짐을 가지런히 하는 분명한 자세가 중요하다.

(2) 대화법

- 언행이 일치해야 한다.
- 겸허한 대화방법을 몸에 익히도록 한다.
- 이야기 할 때에는 표정을 온화하게 할 수 있도록 한다.
- 상대방이 말하는 것을 끝까지 잘 듣도록 한다.
- 상대방의 입장을 이해하도록 노력한다.
- 상호간의 견해 차이가 있을 경우 합리적으로 풀어간다.
- 협박이나 순간적인 언행은 자제하도록 한다.

(3) 조리인의 정신

조리사는 식품의 취급을 통하여 상품이 효용성을 극대화하기 위하여 예술적 가치를 정교하게 표현하고, 자신이 숙련된 기술을 최선을 다해 발휘해야 하며, 경제적으로는 최소의 비용으로 최대의 상품가치를 높이기 위하여 반드시 필요한 만큼의 재료를 적절히 사용해야 한다. 그러기 위해서는 적정한 식재료의 구매, 입고

후의 철저한 검사, 재료의 보관과 관리, 선입선출, 조리과정이 전처리에서 상품의 판매에 이르기까지 식재료를 이용한 최고의 상품을 만들어 로스부분을 최소화하려는 조리인의 직업정신이 반듯하게 갖추어 나가야 한다.

조리인은 식품처리의 전과정을 안전하고 위생적으로 처리해야 하며 경제적, 예술적으로 최상품의 가치를 지닌 가장 맛있는 음식을 만들기 위한 조리인들의 역할은 매우 중요하다. 이 중요한 역할을 수행하고 있는 조리인들은 과연 어느 정도 올바르고 미래지향적 사고를 갖고 있어야 한다. 조리인의 마음가짐을 상호간의 보완관계 속에서 인간적 관계와 신뢰성 있는 유대관계를 지속적으로 유지하여야 한다. 최근 3세대 조리사들은 이론과 실무를 겸비하고 학문적으로 인정받고 있는 젊고 유능한 조리사들이 많이 배출되고 있으나, 참된 조리인으로서의 마음관리보다 일부는 금전적 가치 중심으로 단기간에 많은 변화와 물질충족 중심의 개인 이기주의적 조류로 흘러가고 있음을 직시할 수 있다. 이러한 정신을 바탕으로 조리인의 자세를 확립해야 한다.

(4) 조리인의 자세

- 사회에서 인정받는 조리인
- 기업에서 인정받는 조리인
- 자기직업을 자랑스럽게 인정하는 조리인

Basic Western

Cooking

제 4 장

HACCP에 의한 위생관리

HACCP에 의한 위생관리

조리부분에 있어 위생관리는 생산된 음식의 품질확보를 위한 기본적인 전제조건이 된다. 위생관리는 식재료, 조리인력, 시설 및 설비의 세 가지 측면에서 관리체계가 확립되어야 한다. 최근에는 식품위해요소 중점관리기준(HACCP)이 적용 제도화되면서 위생관리의 중요성이 더욱 부각되고 있다.

1. HACCP의 의의

HACCP(Hazard Analysis Critical Control Point : 식품위해요소 중점관리기준)이란 식품의 원재료, 제조, 가공, 보존, 유통의 전 과정에서 위해물질이 해당식품에 혼입되거나 오염되는 것을 사전에 방지하기 위하여 각 과정을 중점적으로 관리하는 기준이다. HACCP은 식중독을 예방하기 위한 감시활동으로 식품의 안전성, 건전성 및 품질을 확보하기 위한 계획적 관리시스템이라 할 수 있다.

우리나라는 1995년 12월 29일에 식품위생법 HACCP제도를 도입하여 식품의 안전성 확보, 식품업체의 자율적이고 과학적인 위생관리방식의 정착과 국제기준 및 규격과의 조화를 도모하고자 하였으며, 식품위생법 제 32조에 위해요소 중점관리기준에 대한 조항을 신설하였다. 그 제32조 제1항은 보건복지부 장관은 식품의 원료관리, 제조, 가공 및 유통의 전 과정에서 위해한 물질이 당해식품에 혼합되거나 당해식품이 오염되는 것을 방지하기 위하여 각 가정을 중점적으로 관리하는 기준을 식품별로 위해요소 중점관리기준을 정하였을 때에는 당해식품의 제조, 가공하는 영업자 중 보건복지부령이 정하는 영업자에 대하여 이를 준수할 수 있다고 정하고 있다. 이는 HACCP제도를 강제적으로 수행하기 위해서가 아니라 자율적인 지정제도로 정착시키고자 하는 의도가 있다.

우리나라에서 HACCP제도의 도입 현황은 1996년 9월 6일 식품위생법 제32조로 입법 예고하여 식육햄류, 식육소시지류에 대하여 우선적으로 적용하였으며, 의견수렴을 거쳐 1996년 12월 최종 고시하였다. 그 후 단계적으로 어육가공식품(1997년), 냉동수산식품과 유가공품 일부품목(1998년), 냉동식품류와 빙과류(1999년), 단체급식(200년) 등으로 우리나라 사정에 맞는 HACCP제도를 보완하여 확대 적용하여 시행하고 있다.

2. HACCP의 유래

HACCP시스템은 NASA(미국항공우주국)의 요청으로 1959년 Pillsbury사가 우주식에 적합하게 개발한 것으로, 무중력 상태에서 병원균 혹은 생물학적 독소가 전혀 없는 식품을 만들기 위한 것이었다. 무균식품을 만들기 위해서는 전체 공정, 원료, 환경 및 종업원들에 대한 위생관리가 철저해야 한다. 안전한 우주식량을 만들기 위해 필스버리사와 미 육군 나틱(Natick)연구소가 공동으로 HACCP을 실시한 것이 최초이며, 1970년대 초 학회에 보고된 후 1980년대에 일반화되었다.

1974년 미연방식품의약청(FDA)에 의해 저산성 통조림식품에 도입되었으며, 1985년 NAS(National Academy of Science)의 식품보호위원회가 유효성을 평가하여 식품업체에 적극적으로 도입하도록 권고하였으며, 행정당국에도 법적 강제력이 있는 HACCP제도의 도입을 권장하였다. 1993년 FAO와 WHO에서 HACCP 적용을 위한 가이드라인을 제시하였다.

3. HACCP의 주요 절차

HACCP의 주요 절차는 국제식품규격위원회(CODEX)에 의해 규정된 12단계 7원칙으로, 이에 따라 HACCP 시스템을 현장에 적용하고 있다.

HACCP 준비 5단계
단계 1 : HACCP팀 구성
단계 2 : 제품에 대한 기술
단계 3 : 제품의 용도 확인
단계 4 : 작업공정의 흐름도(Flow diagram) 작성
단계 5 : 작업공정의 흐름도 현장 확인

HACCP 수행 7단계(HACCP 7원칙)
단계 6 : 위해요소(Hazard Analysis ; HA) 분석(원칙 1)
단계 7 : 중요관리점(Critical Control Point ; CCP) 결정(원칙 2)
단계 8 : 각 CCP에 대한 한계기준(원칙 3)
단계 9 : 각 CCP에 대한 모니터링(monitoring) 방법 설정(원칙 4)
단계 10 : 개선조치(preventive measures)의 설정(원칙 5)
단계 11 : 검증방법(verification)의 설정(원칙 6)
단계 12 : 문서화 및 기록 유지방법 설정(원칙 7)

(1) HACCP 준비 5단계

① HACCP팀 구성

제품에 대한 특별한 지식이나 전문기술을 가지고 있는 사람으로 구성된 팀을 설치한다. 전문가 집단만으로 구성되어도 필요한 정보를 얻을 수 없는 경우에는 다른 정보원으로부터 전문적인 조언을 받아야 한다.

② 제품에 대한 기술

HACCP시스템을 적용시킬 대상 제품에 대하여 그 성분 조성에 관한 정보 또는 유통조건 등의 내용을 충분히 기록한다. 즉 제품의 명칭, 식품위생면에서의 분류, 식품의 특성, 포장 형태, 포장 자체의 재질, 포장 조건(진공포장 등), 보존 조건 및 품질유지 기한(유통기한) 또는 소비 기한, 사용에서 주의할 점, 유통방법 등 제품에 완전한 설명서를 작성한다.

③ 제품의 용도 확인

제품의 용도는 최종 사용자 또는 소비자가 그 제품을 무슨 용도로 사용하는가에 근거하여야 한다. 출하된 제품이 어디에서, 누구, 어떠한 용도로 사용될 것인가를 가정하여 위해분석을 할 필요가 있다. 특히 병원급식, 노인시설급식, 영 · 유아 급식 등 소비하는 대상집단 중에 피해를 받기 쉬운 특수층이 있는 경우 더욱 주의할 필요가 있다.

④ 작업공정의 흐름도(Flow Diagram) 작성

HACCP팀은 제조공정의 흐름을 그림으로 작성하여야 한다. 어떤 작업구역 내의 각 단계에 대한 제조공정의 흐름도를 작성할 경우 특수한 부분에 해당되는지의 여부를 상세히 분석하여야 한다. 이는 위해분석의 자료로서 원재료 반입부터 제품 반출까지의 중요한 공정을 상세히 알 수 있으므로 책임을 가지고 작성해야 한다.

교육과학기술부에서 학교급식 HACCP 모델을 개발할 때 모든 음식을 조리공정별로 비가열 조리공정, 가열조리 후 처리공정, 가열조리 공정의 세 가지로 다음과 같이 구분하였고, 대표적인 작업공정의 흐름도의 예는 다음과 같다.

- 비가열 조리공정 : 가열공정이 없는 조리공정(생채류, 샐러드류, 샌드위치류 등)
- 가열조리 후 처리공정 : 식재료를 가열조리 후 수작업을 거치는 조리공정(나물류, 비빔밥류, 냉면류, 숙회류 등)

• 가열조리 공정 : 가열조리 후 바로 배식하는 조리공정(탕류, 찌개류, 볶음류, 튀김류, 구이류 등)

⑤ 작업공정의 흐름도 현장 확인

HACCP팀은 제조공정 흐름도를 기록된 모든 단계에 거쳐 조업시간 중의 실제 작업공정을 확인하여 필요한 경우 공정 흐름도를 수정해야 한다.

(2) HACCP 수행 7단계(HACCP 7원칙)

① 위해요소(Hazard Analysis; HA) 분석

원재료(특히 농 · 수 · 축산물)의 생산, 식품의 제조 · 가공 및 최종 소비에 이르기까지 모든 단계에서 생물학적 · 화학적 · 물리적인 잠재 위해 발생의 가능성을 분석 · 해석하여 예방할 수 있는 관리방법을 확립하여야 한다.

PHF(잠정적 위해식품) □

- 메뉴와 레시피 검토
- 원재료 또는 음식명으로 구분
- 식품의 각 온도대의 저장 가능기간 검토
- 식중독 발생자료 분석시 매개식품의 원인균 발생

음식 생산단계 검토 □

- 메뉴에 특정 재료 포함여부 결정
- 레시피 개발
- 재료와 용품의 구매 및 저장
- 전처리 및 조리단계
- 후처리 단계
- 냉각 및 급식 전 보관
- 재가열 단계
- 급식 단계

- 메뉴와 레시피 검토
- 조리종사원 관찰
- 시설 · 설비 환경
- 온도, 소요시간
- 식품검사

›››› 위해요소 분석과정

작업공정의 흐름도 예(밥류 : 비빔밥)

	쌀	채소 1	채소 2	육류	달걀
구매 및 검수	1. 검수일지의 기준에 합당한가를 검사한다.	1. 검수일지의 기준에 따라 검사한다.	1. 검수일지의 기준에 따라 검사한다.	1. 검수일지의 기준에 따라 검사한다. CCP : 5℃	1. 냉장유통한 위생란을 검수한다. CCP : 위생란 구입
전 처리, 보관	2. 잘 씻는다.	2. 채소류를 다듬는다. 3. 채소류를 흐르는 물로 세척하고 소독 후 헹군다. CCP : 세척 및 소독, 소독한 전용싱크대 사용	2. 채소류를 다듬는다. 3. 채소류를 흐르는 물로 세척하고 소독 후 헹군다.	2. 냉장보관한다. CCP : 5℃ 미만 냉장보관	2. 냉장보관한다. CCP : 5℃ 미만 냉장보관
전 처리		4. 알맞은 크기로 썬다. CCP : 전용 도마와 칼 사용, 손세척 및 소독, 1회용 장갑 사용	4. 알맞은 크기로 썬다.		
조리	3. 밥을 짓는다.	5. 채소를 무친다. CCP : 전용볼 사용, 손세척 및 소독, 1회용 장갑 사용	5. 채소를 볶는다. CCP : 74℃ 이상 가열	3. 고기를 볶는다. CCP : 74℃ 이상 가열	3. 달걀 프라이를 한다. CCP : 74℃ 이상 가열
배선	4. 급식한다.	6. 급식한다. CCP : 1시간 이내 급식			

자료 : 교육인적자원부, 학교급식 위생관리지침서, 2000

② 중점관리점(Critical Control Point; CCP) 결정

파악한 위해요소를 식품조리과정 중에 제거하거나 또는 발생 가능성을 최소한으로 억제시키기 위하여 원재료의 생산 및 제조에 해당하는 모든 장소 · 공정 · 작업과정을 중요관리점으로 결정한다. (*하단 참조)

중요관리점 결정과정

감시 또는 측정방법	□	감시 또는 측정	□	기록	□	• 감시 또는 측정 방법, 간격, 책임자, 사용기기 명시
• 관리기준 이치 여부 확인 • 적합성 확인단계의 근거 제공		• 온도, 소요시간 • 육안검사 : 종업원 관찰, 원재료 검수		• 온도, 소요시간 기록표 • 식품온도 모니터링 기록표		

③ 각 CCP에 대한 한계기준(Critical Limit; CL) 설정

CCP가 적당하게 관리되고 있는지를 확인하기 위하여 온도, 시간, PH, Aw에 대한 가장 적절한 관리기준을 정하는 것으로, 좀 더 구체적으로는 보관온도, 조리온도, 열장온도, 해동온도, 각종 소독액의 적정농도, 사용방법에 대한 기준을 정하는 것이다. 예를 들어, 검수단계의 한계기준으로 "PHF는 5℃ 이하, 냉동식품은 −18℃ 이하, 승인된 공급처로부터 공급받을 것" 등이 될 수 있다.

④ 각 CCP에 모니터링(Monitoring) 방법 설정

CCP에서 설정된 한계기준의 관리상태를 모니터링하기 위한 계획적인 측정 및 관찰제도를 아래와 같이 확립한다. 모니터링 결과는 위생관리에 반영하여 문제가 발생했을 경우 원인규명 및 책임소재 구분의 근거를 확보하는 데 활용된다.

CCP 모니터링방법 설정과정

CCP의 정의	□	식중독 발생원인의 각 단계별 검토	□	각 생산단계별 특정 온도 검토	□	중요관리점의 규명
• 식품 위해요소를 예방, 제거, 감소시킬 수 있는 관리점		• 교차오염의 가능성 검토 • 기타 위해요소		• 소요시간, 가열, 재가열, 보관단계 검토 • 생산과 급식까지의 시간차, 교차오염, 종업원의 개인위생 검토		• CCP 결정도 참조

⑤ 개선조치의 시정

모니터링에 의해 특정 CCP가 관리기준에서 벗어날 경우에 취해야 할 개선방법을 확립하여 개선조치를 취하고, 그 기록을 남기며 필요에 따라서는 HACCP 계획을 조정한다. 개선조치방법의 예는 다음과 같다.

- 반품 또는 납품업체에 대한 경고조치
- 음식평가 : 냉장, 냉동고 온도조정, 음식이동, 뚜껑 사용
- 단계평가 : 세척 및 헹굼, 세척 및 소독
- 제품폐기

⑥ 검증방법(Verification)의 설정

위생관리가 HACCP시스템에 따라 효과적으로 수행되는지 또는 계획의 수정이 필요한지 여부를 확인하기 위하여 절차, 시험검사 등의 검증방법을 확립한다.(하단 그림 참조)

검증 주체	적합성 검증의 내용	적합성 검증 변화
• 자체 확인 : 팀장 및 실무 책임자가 시행 • 외부 확인 : 위생감시원이나 외부 자문가가 시행	• HACCP 계획 및 운영의 적절성 검토 • CCP 기록의 검토 • 기준과의 차이와 시정조치 • 관리기준의 적합성 여부(모니터링 방법의 적절성 및 이행성 여부) • 적합성 확인에 대한 기록의 검토 • 개선조치 절차의 효과성과 준수성 • 기록유지의 적절성	• HACCP 계획의 수정 및 재조정

⑦ 문서화 및 기록유지방법 설정

HACCP의 제반원칙 및 적용에 관계되는 모든 방법 또는 결과에 관한 문서보관 제도를 확립한다. 기록된 문서는 HACCP 계획의 적절한 실시에 대한 증거, 외부 감사에 대한 자료로 사용되며 식품의 안전성에 관한 문제가 발생했을 경우 위생 관리 상태를 추적하여 조사할 수 있는 자료가 되어 원인규명을 용이하게 한다.

HACCP 각 단계에 대한 기록유지 내용은 다음과 같다.

- HACCP 관련부서 및 책임자
- 생산공정표
- 온도기록표(식품, 기기, 조리실 내 등)
- HACCP 관리기준서
- CCP에 대한 모니터링 기록
- 개선조치 기록
- 조리사 위생교육 계획서

4. 위생교육과 훈련

HACCP시스템을 효과적으로 실천하기 위해서는 HACCP시스템 제도의 원리 및 적용에 관한 교육과 훈련 및 위생교육이 함께 이루어져야 한다. 식품의 위생규제를 위해서는 HACCP 제도에 따른 교육과 훈련 프로그램을 계획하고, 교육과 훈련이 필요한 사람과 그들에게 제공될 HACCP의 교육 내용을 문서화해야 한다.

중요관리점 별 위생교육 내용

중요관리점	위생교육 내용	
식단 작성	• 생산시 주의를 요하는 식품 • 1일 생산계획표	• HACCP을 기초로 한 표준 레시피
잠재적으로 위험한 식단의 공정관리	• 잠재적으로 위험한 식단 • 실온방치 시 시간 지체에 의한 미생물 증식 가능성 • 생산계획표에 의한 조리시간 기준 • 식품별 검수 온도 • 온도관리	
식재료의 구매와 검수	• 식재 운반차량의 위생관리 • 온도측정법 및 온도계 소독법	• 식품별 검수항목 및 기준
냉장 및 냉동온도	• 온도 관리기준의 원리	• 온도 통제 및 교차오염 방지
해동	• 해동기준의 원리	• 적정 해동방법
준비과정	• 식재의 장시간 실온방치 금지	• 교차오염 방지
생채소 · 과일의 세척 및 소독	• 세척 후 청결상태 확인 • 소독제 농도 확인법	• 소독제 제조방법 및 사용방법
조리온도	• 온도측정 방법 • 조리온도 기준	• 온도측정 대상식품
냉각	• 위험온도 범주	• 올바른 냉각방법
식품접촉 표면의 세척 및 소독	• 세척 및 소독수의 온도기준 • 소독제 농도 확인법 • 열탕소독 방법	• 소독제 제조방법 및 사용방법 • 세척 후 청결상태 확인 • 식기세척기의 온도 확인
개인위생	• 감염성 질환 시 보고 • 청결한 복장 유지	• 청결한 개인위생습관 유지 • 손씻는 시점 및 손세척 방법
배송과 배식	• 운반기구 및 배식기구의 청결 • 배식자의 위생상태	• 운반차량의 온도유지 및 청결 • 적절한 배식온도

자료 : 강영재, 2000

5. 주방 내의 조리위생

(1) 개인위생

손세척 방법

건강은 인생에 있어서 가장 중요하다. 요리는 보기 좋고 맛이 있어야 하며 영양 효율이 높아야 한다. 위생상 안전이 무시된 요리는 예술적 가치가 전혀 없다고 볼 수 있다. 요리에 각종 세균, 기타 인체에 유해한 물질이 함유되어 있다면 생명에 지장을 초래하는 일이 발생하기 때문이다. 위생관리를 철저히 해야 건강한 정신과 육체를 유지할 수 있다.

주방에서 위생에 대한 인식을 높여서 철저한 개인위생, 식품위생, 주방시설위생을 관리해야 한다. 음식을 다루는 사람은 항상 건강과 청결한 상태를 유지해야 하며, 자신으로부터 각종의 병원균으로 인한 오염 내지는 전염을 근본적으로 차단하여 위생상에 전혀 이상이 없는 음식을 만들어야 한다.

요리사의 사회적인 준수책임은 다음과 같은 3가지로 요약할 수 있다.

- 위생상의 결함이 없는 요리 생산
- 사회적인 공중보건의 일익을 담당
- 조리사이 기본자세 및 품위 유지

❖ 요리사가 지켜야 할 위생은 아래와 같다.

• 정기적인 신체검사(보건증) 및 예방접종을 받는다.
• 청결한 복장을 한다.
• 손에 상처를 입지 않도록 손관리에 유의하며 항상 깨끗이 씻는다.
• 질병예방에 따른 올바른 지식과 실천을 한다.
• 조리하는 사람 외에는 주방에 출입하지 못하게 한다.
• 손과 손톱을 깨끗하게 유지한다.
• 시계 · 반지, 보석류를 착용하지 않는다.
• 종기나 화농이 있는 사람은 일을 하지 않는다.
• 주방은 항상 청결을 유지한다.
• 작업 중의 상태로 화장실을 출입하지 않으며 용변 후에는 반드시 손을 씻는다.
• 맛을 볼 때에는 국자에 입을 대고 맛보기를 금한다.
• 더러운 도구나 장비가 음식에 닿지 않도록 한다.
• 손가락을 이용하여 음식을 보지 않는다.
• 조발은 규정된 크기로 한다.
• 향은 짙지 않은 화장품을 사용한다.
• 항상 깨끗한 행주를 휴대한다.
• 규정된 복장을 착용한다.
• 위생원칙과 식품오염의 원인을 숙지한다.
• 정기적인 교육을 이수한다.
• 식품이나 식품용기 근처에서 기침, 침, 재채기 및 흡연을 하지 않으며, 병이 났을 때에는 치료를 해야 한다.
• 항상 자신의 건강을 체크한다.
• 더러운 손으로 물을 틀었다 잠갔다 할 때의 교차오염(수도꼭지 밸브 청결 점검)
• 매 사용 후 모든 장비와 주방기물의 적절한 세척, 헹굼과 소독

- 깨끗한 바닥, 배수구, 벽, 천정과 고정물
- 깨끗한 배출구와 기름필터
- 설치류(쥐 등)나 곤충의 발견 여부
- 분리된 세제 보관 및 장소 점검
- 깨끗한 쓰레기통 및 라이너(비닐) 설치 확인

❖ 위생복 착용 목적

- 종사하는 작업의 명확한 구분
- 위생적 조리업무의 수행
- 청결한 복장상태의 유지

(2) 주방위생

① 주방위생의 개요

청소 및 정리정돈 상태

조리장에서 시설이라 함은 주방이 차지하고 있는 공간으로부터 식품을 다루는 모든 기구와 장비를 총칭하는 말로서 이에 대한 청결관리를 시설위생이라 하며, 이는 현대화된 주방을 유영하기 위해서는 필수적인 사항으로 대단히 중요한 것이다.

어떠한 사업체 내의 조리장이라 하더라도 조리장 내의 각종 기기와 기구의 관리보수를 담당하는 부분은 영선 및 시설 혹은 그 외의 명칭을 갖고 있는 담당부서에서 관리해주나 주방 내의 모든 시설을 조리사들이 이용하는 것이기에 각종 시설에 관한 일차적인 책임은 조리사에게 있으므로 위생적인 시설유지관리는 결국에는 소속 사업체의 재산관리 및 이익에 영향을 주므로 각종 시설을 위생적으로 관리할 필요가 있다.

❖ 시설위생의 목적

- 위생적인 음식을 만드는 곳
- 각종 장비의 청결관리로 시설 수명 연장
- 식자재의 안전한 유지 및 원활한 사용

❖ 위생적인 시설을 유지하기 위한 사항

❖ 주방청소

- 적어도 매일 1회 이상 청소한다(영업시간에 따라 조정).
- 천정과 바닥, 벽면도 주기적으로 청소한다.

❖ 냉장고, 냉동고

⬆ 냉장 및 냉동고

• 내부는 항상 깨끗하게 사용하며 온도관리에 유의한다(특히, 영업종료 시간 후 익일 영업개시까지).
• 선반과 구석진 곳은 특별히 청결하게 하며, 냉장고 청소 후에는 내부를 완전히 말린 후에 사용한다.

슬라이스 머신기

② 기기류(믹서, 차핑 머신, 스팀 솥, 슬라이스 머신, 믹서기류)
• 사용 후에는 지체 말고 깨끗이 닦는다.
• 기계 내부 부속품에는 물이 들어가지 않도록 한다.
• 기기 내의 칼날을 비롯한 부속품은 물기를 제거하여 곰팡이나 병원균이 서식할 수 없도록 한다.
• 딥 프라이(Deep Fry)의 경우 기름은 매일 뽑아내어 거르고, 용기는 세제로 세척하여 찌꺼기가 남아 있는 일이 없도록 한다.
• 석쇠(Grill) 면은 영업종료 후 금석 고유의 윤이 나도록 한다.
• 스팀(Steam) 솥은 조리 후나 세척 후 물기가 남지 않도록 세워둔다.

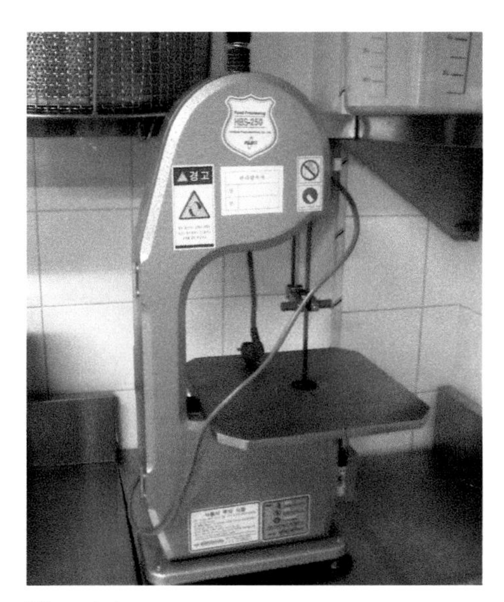

골절기

③ 기물류

- 각종 기물이나 소도구는 파손이나 분실되지 않도록 사용 후에는 반드시 세척 후 제자리에 놓는다.
- 주방냄비는 사용 상태에 따라 정기적으로 대청소를 한다.
- 브로일러(Broiler)와 쇠꼬챙이는 사용 후 세척하고, 탄소화되어 눌어붙은 부분은 쇠솔로 깨끗이 닦아낸다.
- 오븐(Oven) 속에는 자주 사용하는 팬(Pan)은 음식물과 기름이 눌어붙어 탄소화되지 않도록 매번 닦아준다.
- 금속재질이 알루미늄이 아닌 것은 과도한 열을 주지 않는다.
- 프라이팬(Fry Pan)의 사용 후는 다음 사용자를 위하여 깨끗이 세척하여 열처리를 마친 후 제자리에 보관한다(이 때 세제를 사용하여 닦아서는 안 된다).
- 칼은 사용 후 재질에 따라 적당한 처리를 하여 보관한다.
- 도마는 사용 후 깨끗이 사용하고 물기를 제거하여 둔다(도마의 경우는 일광소독을 하도록 한다).
- 모든 기물은 부피가 작은 것이라도 주방 내에서는 함부로 던지는 행위는 금

한다.

- 모든 기구나 기물은 주방바닥에 내려놓은 채로 방치하지 않는다.
- 기물 세척 시 재질이 다른 기물은 분리하여 세척한다.

④ 기타

쓰레기통

- 쓰레기통은 병류, 캔류, 활성류, 비활성류로 구분하여 사용하되, 뚜껑은 항시 덮어둔다.
- 주방의 하수도 통로는 주기적으로 닦아준다(악취 및 병원균의 온상이 되지 않도록).
- 후드필터(Hood Filter)와 덕트(Duck)는 조리 중 음식물에 떨어지지 않도록 항상 청결히 한다.
- 스테인리스(Stainless) 작업대 선반이나 내부에 산화되기 쉬운 용기는 장기간 적재하지 않는다.
- 음식물을 담는 도자기류는 파손 및 긁힘이 없도록 항상 주의한다.
- 음식조리 중 벽이나 천정에 충격을 가하지 않는다.
- 폐유는 하수구에 버리지 않는다.
- 주방관계자 외 외부인의 출입은 금지해야 한다.
- 주방은 정기적인 방제소독을 실시해야 한다.

- 주방 내 온도는 16~20℃로 습도는 70% 정도가 적합하며 항상 통풍이 잘되도록 환기시설을 가동시켜야 한다.
- 주방은 밝아야 하며 자연채광이 바람직하다.

(3) 식품위생

위생통 일지 기록

- 지면에서 5㎝ 이상 음식 보관 확인(음식 보관장소 및 창고)
- 조리된 음식으로부터 날 음식의 분리상태 점검
- 음식은 랩으로 싸거나 용기에 깨끗하게 담는다.
- 보관장소의 건조상태, 청결상태 확인
- 식품의 유효기간 점검
- 음식 운반 카트나 트레이는 깨끗하게 세척되고 건조상태 확인

① 식품보관 온도(Cooling, Reheating 기록일지 점검)

- 냉장고의 온도 : 1.7~3.3℃나 그 이하
- 냉동고의 온도 : −23.3~−17.8℃나 그 이하
- 온장고의 온도 : 60℃나 그 이상
- 냉동고/냉장고 에너지 커튼설치 여부

② 식품의 안전한 검수와 보관

- 검수장소가 깨끗하고 밝으며 해충은 없나.
- 가능한 한 빨리 라벨을 붙이고 제품을 보관하나.
- 배달차량은 깨끗하고 해충은 없는지 점검한다.
- 사용기간이 지나거나 만료된 식품점검 및 확인
- 흠이 있거나 부패된 식품 점검, 확인 및 조치
- 외부 오염상태 확인
- 고기가 튼튼하고 탄력이 있나.
- 가금류가 단단하고 변색되지 않은가.
- 생선은 신선하고 밝은 붉은색을 띄고, 깨끗한 눈을 갖고 있고 냄새는 없는지.
- 온도측정은 식품온도계를 사용하나.
- 우유는 4.4℃ 이하
- 손상되지 않은 달걀 및 포장상태 확인
- 부패되지 않고 곰팡이나 손상이 없는 신선한 과일과 야채
- 캔 식품은 잘 봉인되고, 깨지지 않고, 녹과 흠이 없고, 식별 가능한 라벨이 있는지 확인
- 냉동식품은 해동된 상태로 보이거나 재냉동 상태는 안 된다.
- 냉동식품 온도는 −17.8℃나 그 이하
- 냉장식품의 온도는 4.4℃나 그 이하
- 뜨거운 식품의 온도 60℃나 그 이상
- 선입 선출방식(FIFO)을 한다.
- 식품보관 바닥에서는 5㎝ 이상에서 보관한다.
- 식품은 깨끗하게 포장하거나 용기에 보관한다.
- 조리된 음식으로부터 날것을 격리시킨다.
- 식품은 벽으로부터 떨어뜨려 보관한다.
- 보관장소와 식품 운반카트나 트레이는 건조되고 깨끗하며 해충이 없어야 한다.

- 모든 날음식은 냉장고 안에서 조리된 음식 아래에 보관한다.
- 식품을 일광에 노출하지 않는다.
- 선반에 너무 많이 적재하지 않는다.

③ 식품의 안전한 준비와 조리

- 온도 측정에는 식품온도계를 사용한다.
- 가급적 알맞게 소량으로 준비한다.
- 냉장고 안에서 식품을 해동 시에는 4.4℃나 그보다 더 차갑게 하고, 조리된 식품의 아래에 둔다.
- 위험 온도구간에서는 식품은 4시간 이상 두지 않는다.
- 식품은 가능한 서브할 시간에 가깝게 조리한다.
- 가금류와 고기는 73.9℃나 그 이상에서 15초 동안 조리한다.
- 쇠고기는 68.3℃나 그 이상에서 15초 동안 조리한다.
- 돼지고기로 된 제품은 65.5℃나 그 이상에서 15초 동안 조리한다.
- 냉동된 제품을 빨리 해동해서 사용해야 될 경우에서는 흐르는 물에서 가급적이면 빨리 해동시킨 후 사용한다.
- 냉동된 제품을 냉장고에서 해동시킬 때에는 서서히 해동시킨다.

④ 안전한 식품보관

제조일 기록

- 신선한 식품과 오래된 것을 섞지 않는다.
- 뜨거운 식품은 60℃나 그보다 높게 보관한다.
- 찬 음식은 4.4℃나 그 이하로 보관한다.
- 냉동식품은 −17.8℃나 그 이하로 보관한다.
- 온도기록 일지를 보관한다.

⑤ 안전한 식품 쿨링(Cooling)

- 뜨거운 식품의 온도는 60℃ 이상에서, 냉장식품의 온도는 4.4℃ 이하에서 4시간 정도 식힌다.
- 음식은 규칙적으로 저어준다.
- 식품을 식히기 위해서 뜨거운 식품은 작게 분해하여 쿨링한다.
- 커버를 씌우고, 날짜를 적고, 라벨을 붙이고, 즉시 냉장한다.
- 냉장고 안에서는 모든 날식품은 조리된 식품 아래에 보관한다.

⑥ 안전한 식품 재가열

- 73.9℃나 그 이상에서 적어도 2시간에 한 번 15초 동안 재가열한다.
- 만약 식품을 2시간 안에 재가열 할 수 없으면 폐기한다.
- 신선한 식품과 함께 재가열 식품을 섞지 않는다.

⑦ 교차오염 방지

- 날음식과 조리된 식품의 분리
- 손상된 식품과 보관식품의 분리
- 사용 후나 다른 식품으로 교체 시 표면세척과 소독
- 사용 후 모든 주방기물과 접시들의 세척과 소독
- 색깔로 분류되는 도마를 사용한다.
- 도마는 깨끗하게 세척하고 소독되어 있어야 한다.
- 식품을 만질 때 적절한 손장갑 사용한다.

- 걸레, 타월은 소독 희석액을 적시어 사용한다.
- 자동센서 수도밸브 사용 또는 수도꼭지(밸브) 청결 유지
- 색깔로 분리하거나 휴대 가능한 스펀지와 청소용 걸레를 사용한다.
- 식품을 준비하기 전이나 후에 필요로 할 때마다 자주 손은 닦고 소독한다.
- 글라스 웨어 랙 사용으로 깨끗하게 정리정돈되도록 보관한다.

⑧ 세척과 소독

도마 색상별 사용 용도

- 식품을 접촉한 주방그릇과 모든 표면을 닦고 헹구어 소독한다.
- 싱크대는 매사용 전후 세척하고 소독한다.
- 장비는 세척과 소독 전에 전원 차단한다.
- 세제를 이용한 식기세척기 소독온도는 48.9℃~60℃로 한다.
- 식기세척기 고온 소독온도 82.2℃나 그 이상으로 한다.
- 기물이 세척기에 세척 전에 충분한 애벌세척을 해준다.
- 화학세제 리스트(물질안전보건자료 : MSDS)를 파일링하여 둔다.
- 정확하게 희석하고 측정하여 사용한다.
- 인증된 세척업체와 장비를 사용한다.

⑨ 방역과 해충

벌레 퇴치기

• 해충이나 벌레가 드나들 수 없도록 문을 꼭 닫고 정기적으로 점검한다.

• 모든 보관장소, 쓰레기통은 깨끗하게 유지한다.

Basic Western

Cooking 제5장

서양요리의 기본적인 조리방법과 조리의 계량, 온도 및 채소 썰기 용어

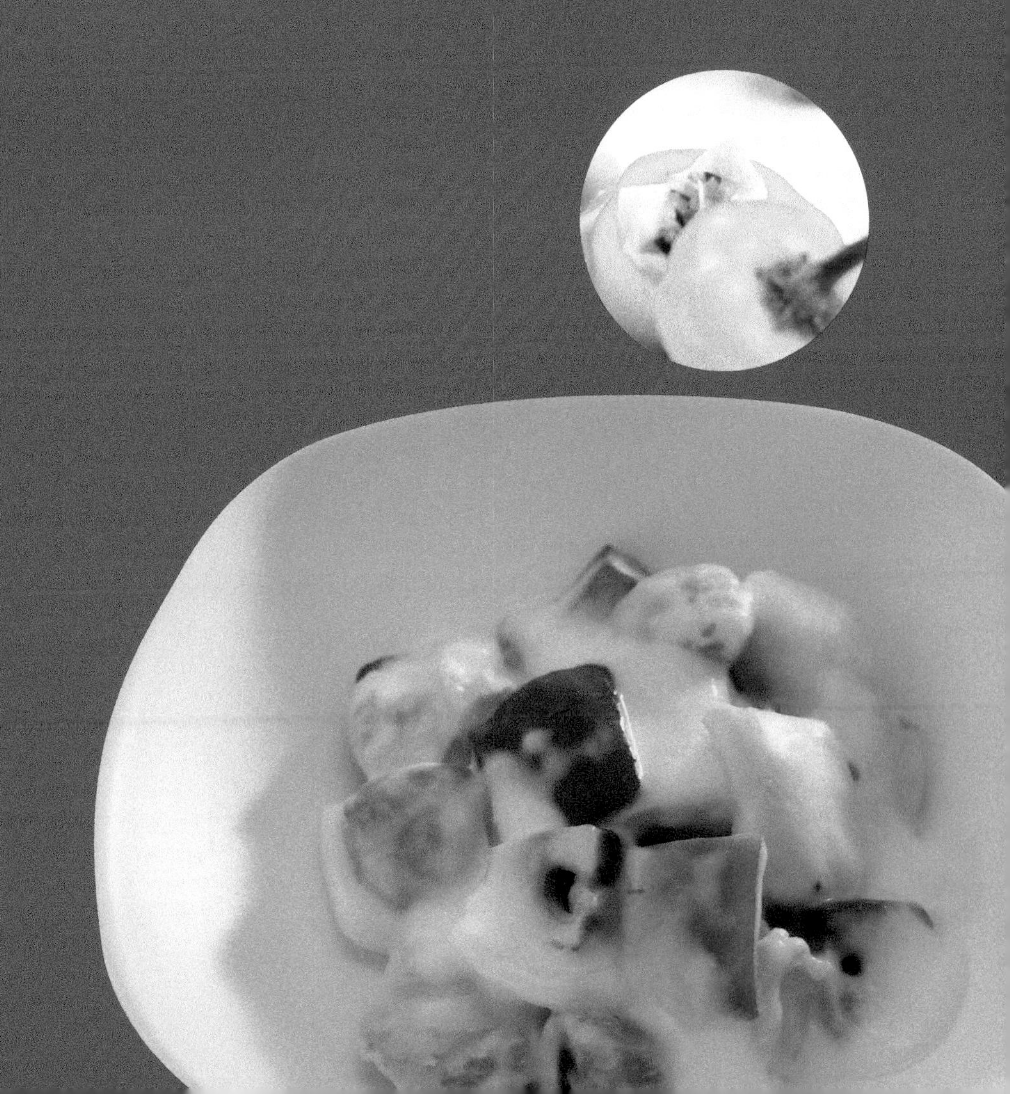

서양요리의 기본적인 조리방법과 조리의 계량, 온도 및 채소 썰기 용어

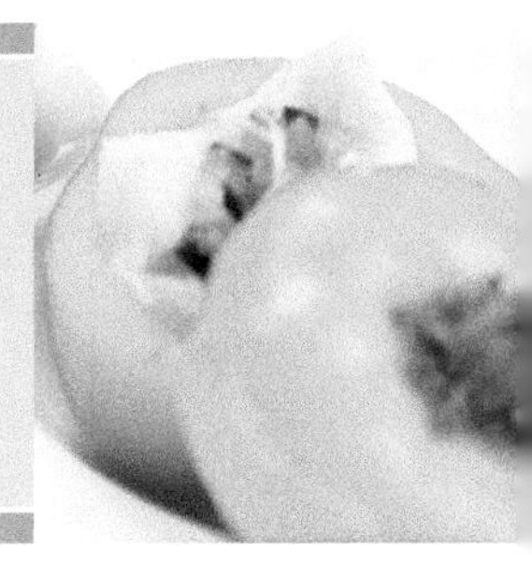

1. 서양요리의 기본적인 조리방법

서양요리는 그 조리방법에 따라서 맛, 향기, 색, 모양 그리고 영양가 등이 다르기 때문에 다음과 같은 조리방법을 익히는 것은 대단히 중요한 비중을 차지한다.

(1) 보일링(Boiling)

식재료를 깨끗이 씻어 끓는 물, 스톡을 이용하여 파스타, 국수류, 감자, 쌀, 건조야채 등을 주로 삶는다.

- 감자, 뿌리야채는 찬물을 넣고 뚜껑을 덮고 끓인다.
- 마카로니, 국수류는 뜨거운 물에 약간의 식용유를 넣고 뚜껑을 덮지 않고 삶는다.
- 212°F 온도에서 소금을 첨가하고 끓여서 식힌다.

(2) 심머링(Simmering)

이 조리방법은 포칭(Poaching)과 보일링의 혼합 조리방법으로 97~99℃에서 조리한다.

- 육류조리는 삶은 고기류, 양고기, 소 혀 등은 물이나 육수를 한 번 먼저 데쳐내고 다시 뚜껑을 덮고 서서히 끓이는 방법이다. 육류요리의 스튜(stew) 일종이다.

(3) 브랜칭(Blanching)

주로 감자, 당근, 시금치, 브로콜리 등 야채류를 끓는 물에 순간적으로 넣었다가 건져 흐르는 찬물에 헹구어 데쳐내는 조리방법이다. 따라서 이 방법은 소테 그레이징 조리법이 사전에 하는 조리법이다.

① 물에 데치는 경우

- 감자 : 끓는 물에 약간의 소금, 감자를 넣고 절반 정도 익힌다. 건져서 편편한 그릇에 수건을 깔고 물기를 제거하면서 그대로 식힌다.
- 야채류 : 끓는 물에 약간의 소금, 야채를 넣었다가 빨리 건져낸다. 따라서 무기질, 비타민, 엽록소 등의 손실을 막을 수 있다.
- 뼈 : 소뼈, 닭뼈 등에 찬물을 붓고 서서히 끓이면서 거품과 불순물을 제거한다.
- 주의 : 반드시 뜨거운 물로 사용해야 한다. 그렇지 않으면 야채, 고기류의 세포가 열려 영양가와 맛을 손실할 우려가 있다. 따라서 뜨거운 물에 데칠 경우 세포막이 열리지 않으므로 맛을 보존할 수 있다.

② 기름에 데치는 경우

- 기름을 이용한 브랜칭은 미리 약간의 살피는 과정과 같다. 야채류, 생선, 육류, 감자는 130℃ 정도(250℉)에서 치리힌 후 식힌다.

(4) 포칭(Poaching)

포칭은 66~85℃ 온도의 풍미가 뛰어난 액체에서 부드럽게 시머링하여 음식을 조리하는 기술이다.

- 생선류는 65~80℃ 정도에서 와인 또는 쿠르부용을 이용하여 포칭한다.
- 가금류는 먼저 살짝 데친 과정을 거친 다음 화이트 스톡에 와인을 첨가해서 포칭할 수 있다.
- 주의할 점은 포칭할 때는 절대로 온도가 80℃ 이상 상승하면 안 된다. 왜냐하면 온도가 너무 높으면 식품 내 단백질이 파괴되기 쉽다.
- 포칭 방법에는 물에 잠기는 포칭과 절반만 잠기는 방법 두 가지가 있다.

① Shallow 방법의 특성

- 액체가 덜 사용된다.
- 가금류, 육류, 생선류 등은 되도록 작게 자른다.
- 포칭하는 액체로 소스를 만든다.
- 일반적으로 이 방법은 오븐에서 한다.
- 가니쉬는 함께 넣어서 요리한다.
- 용기의 뚜껑은 기름종이나 쿠킹호일로 덮는다.

② Submerge 방법의 특성

- 액체가 필요하다.
- 이 방법은 되도록 식재료를 크게 자른다.
- 가니쉬는 따로 요리해서 서브직전에 첨가한다.
- 요리는 스토브 위에서 진행한다.
- 용기의 뚜껑은 절대로 덮지 않는다.

(5) 소테(Saute) 또는 Shallow Firing

이 방법은 팬프라이 또는 소테라고도 한다. 이 조리방법은 현장에서 아주 많이 사용할 수 있는 방법이라 할 수 있다. 따라서 이 조리법은 넓은 프라이팬에 높은 온도로 빨리 조리하는 방법이다. 그리고 프라이팬의 모양에 따라서 팬프라이 또는 소테라고 할 수도 있다.

Saute/Pan Fry

- 위의 프라이팬의 표면이 넓어야 빨리 증기(열)를 증발시킬 수 있다.
- 버터나 기름을 약간만 넣어야 좋다.
- 식재료의 양에 따라서 알맞은 팬을 사용해야 한다.
- 얇은 팬에 높은 온도에서 조리해서 수분이 빨리 증발해야 하며, 그래야 고기의 경우에 색깔도 좋고 고기가 질기지 않다.

(6) 브로일링(Broilling)과 그릴링(Grilling)

보통 이 조리방법은 고기를 구울 때 전기, 가스, 숯 등의 위에 올려서 굽는다.

- 처음 온도는 220~260℃ 정도로 높여 놓았다가 150~210℃까지 온도를 낮추어서 조리한다.
- 고기 두께가 얇을수록 온도는 높아야 하고, 두꺼울수록 온도는 낮아야 한다.

(7) 딥 팻 프라이(Deep-fat Fring)

이 방법은 기름을 이용하여 140~190℃(250°F~357°F) 정도 사이에서 유지를 해야 한다. 주로 튀김은 육류, 생선류, 야채류, 가금류 등에 이용되며, 튀김재료를 기름에 조금씩 조절해 넣어야 하며, 너무 한꺼번에 많이 넣어서 온도가 내려가면 튀김 식재료에 기름이 흡수되어 맛과 색깔을 낼 수가 없다.

(8) 브레이징(Braising)

이 방법은 용기에 식재료를 넣고 액체와 같이 은근한 불에서 장시간 끓이는 방법인데, 보통 온도는 180~200℃ 정도이다. 덩어리 고기는 높은 온도에서 표면을 갈색으로 색깔을 낸 다음 야채, 와인, 스톡 등을 넣고 서서히 조리한다. 요리 중

가끔씩 내용물을 저어준다. 내용물(식재료)이 충분히 조리된 후에는 고기를 건져 내고 서서히 끓일 때 생긴 육즙을 체로 거른 다음 버터를 넣고 소스를 만든다.

따라서 브레이징의 변형된 방법을 스튜라고 할 수 있다. 조리할 때 용기의 뚜껑을 꼭 덮어 둔다. 고기 양에 맞는 팬을 사용하며 액체 양이 많이 필요하다.

브레이징과 스튜의 차이

브레이징		스튜
크고 많은 양	고기의 크기	규격으로 썬 고기조각
고기 1/2 또는 1/3 정도	액체의 양	고기가 덮이게
고기와 야채는 분리	가니쉬(야채류)	고기와 야채는 함께 할 때도 있고, 따로 할 때도 있다.
조리 후 거른다.	소스	조리 후 거르지 않는다.
오븐에서	조리형태	오븐 또는 스토브 위에서

(9) 로스팅(Roasting)

이 조리방법은 로스팅 팬에 식재료를 올려서 오븐 또는 콤팩션 오븐의 온도를 처음에는 210~250℃ 정도로 높여서 색깔을 내고 점차로 150~200℃에서 온도를 낮추어 굽는다. 그리고 굽는 동안 계속해서 윗부분에 기름을 끼얹으면서 굽는 방법이다. 뚜껑은 덮지 않는다.

① 라딩 : 특수한 바늘을 사용하여 고기 속에 지방조각을 집어넣는다. 돼지 등의 지방이 사용하기 쉽다. 그리고 그 지방은 고기 내부의 습기와 윤기를 더해준다.

② 바딩 : 고기 표면에 얇은 지방을 썰어서 겹쳐 굽는 방법이다. 고깃덩어리를 구울 때 지방이 녹아서 고기 표면을 촉촉하게 해 주며, 고기가 마르지 않도록 하는 역할을 한다.

(10) 스티밍(Steaming)

이 조리방법은 압력 쿠커를 이용하는 방법과 순수한 수증기로 이용하는 방법이 있다. 이 방법에는 일반적인 조리방법이므로 야채류, 생선, 갑각류, 육류, 후식류 등을 매우 빨리 요리할 수 있다. 그리고 수증기나 증기압을 이용하기 때문에 신선도를 유지하는 데 이용되는 조리방법으로 온도는 200~250℃ 정도이다.

(11) 그라티테이팅(Gratinating)

이 방법은 어떤 요리를 마무리 단계에서 요리의 표면에 달걀노른자, 치즈, 버터, 설탕, 캐러멜 등을 사라만다 또는 오븐에서 표면의 색깔을 갈색으로 내는 방법으로 수프류, 생선요리, 그라탕, 스파게티, 마카로니 요리 등에 많이 사용한다.

(12) 베이킹(Baking in the Oven)

이 방법은 굽는 팬에 식재료를 넣고 뚜껑을 덮지 않고 요구된 온도에 맞추고 오븐에서 몰드(Mould)를 사용하거나 싯팬에 기름을 칠하고 식재료를 놓고 굽는 방법이다. 여러 가지 굽는 방법이 있으며, 석쇠를 이용해서 굽는 경우에 140~250℃ 정도, 추레이에 구울 경우에 170~240℃ 정도에서 굽는다. 보통 파테(Pate) 웰링톤(Wellington), 페스트리(Pastry), 디저트 등에 많이 사용한다.

(13) 그레이징(Glazing)

이 방법은 야채류, 육류요리를 색깔과 광택이 나도록 하는 방법이다. 따라서 야채 그레이징 할 때는 뚜껑을 덮고 150~200℃ 정도의 약한 불에서 서서히 삶아 건져서 물기를 제거하고, 설탕, 버터 등을 넣어서 맛과 광택이 나도록 하다. 육류의 그레이징은 기본적으로는 브레이징과 같으나 약한 불로 조리한다. 처음 와인으로 조리한 후에 다음 단계는 브라운스톡을 넣어서 계속 졸인다. 그러면 맛, 색깔, 광택이 나면서 먹음직스럽게 된다.

(14) 포트 로스팅(Pot Roasting)

이 방법은 로스팅과 비슷하지만 약간 다른 방법으로 굽는 방법이라 할 수 있다. 온도는 140~210℃의 오븐에서 뚜껑을 덮고 야채와 함께 가금류, 육류 등의 맛이 좋도록 조리하는 것이다. 로스트팬이 식재료와 야채를 넣고 뚜껑을 덮고 서서히 가열한다. 로스팅 진행 중에 흘러나오는 육즙을 계속적으로 표면에 뿌려주면서 굽는다. 로스팅이 끝날 무렵 고기는 건져내고 와인과 브라운스톡을 첨가하여 자연스럽고 훌륭한 소스를 만들어 낸다.

2. 조리의 계량과 조리온도

(1) 조리의 계량

재료를 정확하게 계량하는 것은 과학적인 조리의 기본이 되는 것으로 조리의 계량은 매우 중요하다고 할 수 있다. 계량 단위는 우리나라에서는 주로 미터법을, 서양에서는 파운드를 사용해 왔으나, 서양에서는 조리 시에 사용되는 계량단위의 종류가 무게, 부피, 길이 등에 따라 매우 다양하다. 예를 들어, 무게(Weigh)를 나타내는 단위는 그램(Gram), 온스(Ounce), 파운드(Pound) 등이 있고, 부피(Volume)는 티스푼((Tablespoon), 컵(Cup), 갈론(Gallon), 쿼트(Quart) 등이 사용되고 있다.

계량의 사용되는 기구로는 마른 재료용(Dry Measuring Cups), 액체용 계량컵(Liquid Measuring Cups), 주방저울(Portion Scale) 등이 있고, 계량컵의 경우 우리나라에서는 200cc 용량의 것을 사용해 왔으나 여기에서는 서양을 기준으로 하여 1컵을 240cc로 하였다.

재료 계량 시 고려할 점은 다음과 같다.

- 무정형(無定形)의 고체로 된 것은 중량으로, 가루나 액체로 된 것은 체적으로 측정한다.
- 밀가루와 같은 분말류는 체에 쳐서 가볍게 계량컵에 담고 표면을 직선이 되는 칼등으로 깎아 계량한다.
- 설탕, 소금, 베이킹파우더 등의 마른 재료는 덩어리를 없도록 하고 가볍게 계량컵에 담고 계량하며 황설탕은 꼭꼭 눌러 담아서 계량한다.
- 버터, 마가린 등의 유지는 계량컵에 꼭꼭 눌러 담고 표면을 평평하게 칼등으

로 깎아내어 계량한다.

• 우유, 식용유 등의 액체는 눈금 있는 유리 계량기구에 담고 눈높이에서 측정한다.

(2) 분량 측정

① 약자의 표시

Each(개, 개수) = ea

Pound(파운드) = lb

Bundle, Bunch(다발) = bn

Milliter(밀리리터) = ml

Ounces(온스) = oz

Liter(리터) = lt

Clove(조각, 쪽) = cl

Kilogram(킬로그램) = kg

Tablespoon(큰 스푼) = Tbsp

Gra(그램) = gr

Slice(슬라이스) = sl

Teaspoon(작은 스푼) = ts

Piece(조각, 쪽) = pc

Cup(컵) = C

② 주요 도량형 환산방법

3티스푼(Teaspoon=tsp) = 1테이블스푼(Tablespoon=Tbs)

16테이블스푼(Tbs) = 1컵(cup=c)

1온스(Ounce=oz) = 1/8컵(cup) = (2Tsp)

1컵(Cups) = 8온스(oz) = 48(tsp)

2컵(Cups) = 1파운드(Pint) = (16oz)

4컵(Cups) = 1쿼터(Quart) = (32oz)

16컵(Cups) = 1캘런(Gallon) = (128oz)

③ 액체와 중량미터 전환방법

1온스(Ounce=oz) = 28.325그램(Grams=g)

1파운드(pint=1bs) = 0.45킬로그램(kilogram=kg)

1액량온스(Fluid Ounce=oz) = 30밀리리터(milliliter=ml)

1Cup(c) = 0.24리터(Liter=l)

1Pint(pt) = 0.47리터(Liter=l)

1Quart(pt) = 0.96리터(Liter=l)

1Gallon(gal) = 3.8리터(Liter=l)

④ 오븐 적정온도

온도상태	섭씨(℃)	화씨(°F)
Cool	140	275
Warm	150	300
Moderate	170~190	325~375
Moderately	200	400
Hot	220	425
Very Hot	230~240	450~500

⑤ 온도 계산법

섭씨(Centigrade), 화씨(Fahrenheit)

섭씨를 화씨로 고치는 공식 : F=1.8×C+32

ex) 212=1.8×100+32=212

화씨를 섭씨로 고치는 공식 : C=1.8÷(F−32)

ex) 100=1.8÷(212−32)=100

(3) 조리의 온도

조리의 가열 온도는 음식의 맛, 색, 형태, 향미, 질감 등에 영향을 주므로 온도에 유의하여야 한다. 재료, 분량, 조리방법에 따라 가열 온도와 시간의 차이가 나므로 일률적으로 규정짓기는 어렵다. 그러나 수분이 많은 채소는 비교적 저온 처리한다. 또한 오븐의 온도는 같은 조건에서도 상, 중, 하의 시간마다 온도가 다르므로 굽는 요리에는 중단을, 표면만 구울 때에는 상단을 사용하도록 하며 버터나 기름이 많이 들어간 재료일수록 고온으로 구워야 한다.

① 오븐 온도 환산표

˚F	Gas	˚C
225	1/4	110
250	1/2	120
275	1	140
300	2	150
325	3	160
350	4	175
375	5	190
400	6	200

② 튀김에 적당한 온도

채소	150~160℃	2~3분
생선	155~165℃	2~3분
육류	160~170℃	3분
굴, 조개류	170~180℃	2분
도넛, 과자류	170~190℃	3분

③ 오븐의 온도

아주 약한 온도	140℃	275˚F
약한 온도	150℃	300˚F
중간 온도	200℃	400˚F
뜨거운 온도	220℃	425˚F
아주 뜨거운 온도	230~240℃	450~500˚F

3. 채소 썰기 용어(Vegetable Cutting Terminology)

조리 용어	내 용	사 진
Batonnet or Large Julienne (바또네 또는 라지 줄리앙)	0.6×0.6×6㎝ 길이로 네모막대형 채소 썰기 형태이다.	
Allumette or Medium Julienne (알루메트 또는 미디엄 줄리앙)	0.3×0.3×6㎝ 길이로 성냥개피 크기의 채소 썰기 형태이다.	
Fine Julienne (화인 줄리앙)	0.15×0.15×5㎝ 정도의 길이로 가늘게 채썰은 형태로 주로 당근이나 무, 감자, 셀러리 등을 조리할 때 자주 쓰인다.	
Cube or Large dice (큐브 또는 라지 다이스)	2×2×2㎝ 크기의 주사위형으로 기본 네모 썰기 중에서 가장 큰 모양으로 정육면체 형태이다.	
Medium dice (미디엄 다이스)	1.2×1.2×1.2㎝ 크기의 주사위형으로 정육면체 형태이다.	
Small dice (스몰 다이스)	0.6×0.6×0.6㎝ 크기의 주사위형으로 정육면체 형태이다.	
Brunoise (브루노와즈)	0.3×0.3×0.3㎝ 크기의 주사위형으로 작은 형태의 네모 썰기로 정육면체 형태이다.	
Fine Brunoise (파인 브루노와즈)	0.15×0.15×0.15㎝ 크기의 주사위형으로 가장 작은 형태의 네모 썰기로 정육면체 형태이다.	

Paysanne (빠이잔느)	1.2×1.2×0.3㎝ 크기의 직육면체로 납작한 네모 형태이며 야채수프에 들어가는 야채의 크기이다.	
Chiffonade (쉬포나드)	실처럼 가늘게 써는 것으로 바질잎이나 상추잎 등 주로 허브잎 등을 겹겹이 쌓은 다음 둥글게 말아서 가늘게 썬다.	
Concasse (콩카세)	토마토를 0.5㎝ 크기의 정사각형으로 써는 것으로, 주로 토마토의 껍질을 벗기고 살 부분만을 썰어두었다가 각종 요리의 가니쉬나 소스에 사용한다.	
Chateau (샤토)	달걀 모양으로 가운데가 굵고 양쪽 끝이 가늘게 5㎝ 정도의 길이로 써는 것을 말한다. 샤토는 썬다기보다는 다듬기가 더 어울리고 선이 아름답게 일정한 각도로 휘어져 깎이도록 해야 한다.	
Emence/Slice (에망세/슬라이스)	채소를 얇게 저미는 것. 영어로는 Slice라고 한다.	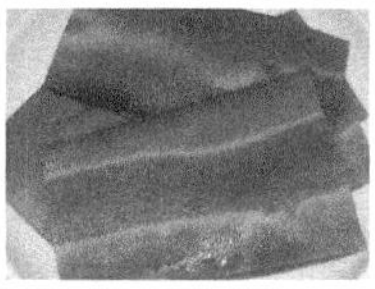
Hacher/Chopping (아세/찹핑)	채소를 곱게 다지는 것을 말한다. 영어로는 Chopping라고 말한다.	
Macedoine (마세도앙)	1.2×1.2×1.2㎝ 크기로 썰은 주사위 형태로 과일샐러드 만들 때 사용한다.	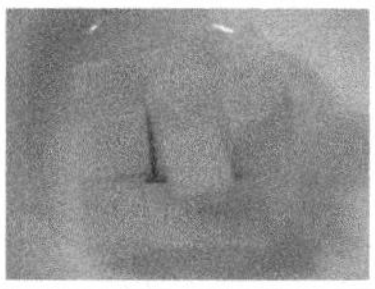
Olivette (올리벳트)	중간 부분이 둥근, 마치 위스키 통이나 올리브 모양으로 써는 방법을 말한다. 이 방법 역시 썬다기보다는 '깎는다' 또는 '다듬는다' 가 더 어울린다.	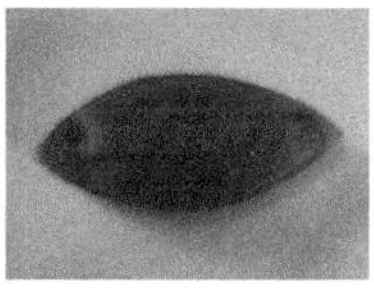
Tourner (뜨르네)	감자나 사과, 배 등의 둥근 과일이나 뿌리야채를 돌려가며 둥글게 깎아내는 것을 말한다.	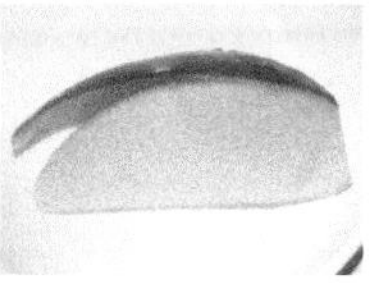

Parisienne (파르지엔)	야채나 과일을 둥근 구슬 모양으로 파내는 방법으로 파리지엔 나이프를 사용한다. 요리 목적에 따라서 크기를 다르게 할 수 있는데, 크기는 파리지엔 나이프의 크기에 달려 있다.	
Printanier/Lozenge (쁘랭따니에/로진)	두께 0.4㎝, 가로, 세로 1~1.2㎝ 정도의 다이아몬드형으로 써는 방법을 말한다.	
Pont Neuf (퐁 느프)	0.6×0.6×6㎝의 크기로 써는 것(예 : 가늘게 자르는 French Fry Potatoes 등을 말함)	
Russe (뤼스)	0.5×0.5×3㎝ 크기로 길이가 짧은 막대기형으로 써는 것	
Carrot Vichy (캐롯 비취)	0.7㎝ 정도의 두께로 둥글게 썰어 가장자리를 비행접시처럼 둥글게 도려내는 모양을 말함	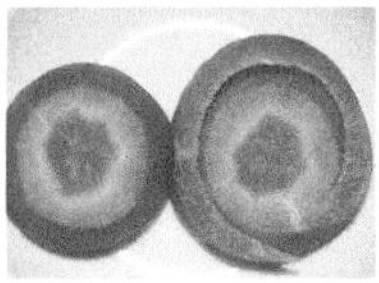
Rondelle (롱델)	둥근 야채를 두께 0.4~1㎝ 정도로 자르는 것을 말한다.	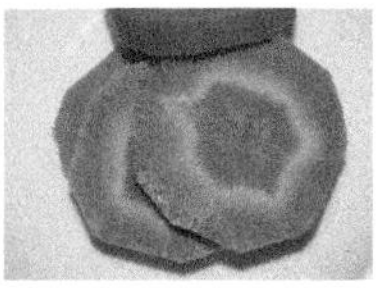
Mince (민스)	야채나 고기를 으깨는 것인데, 주로 고기 종류를 다지거나 으깰 때 많이 쓰이는 조리 용어이다.	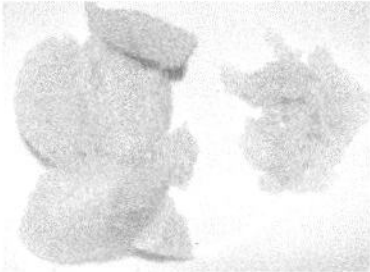
돌려깎기 (Turning Cut)	과일류(사과, 배, 참외 등), 감자를 껍질 제거하는데 사용되며, 고도의 숙련도가 필요하다.	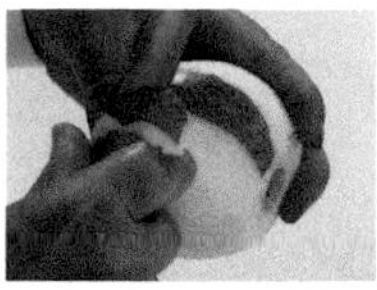

Basic Western

Cooking 제 6 장

허브의 정의와 종류

허브의 정의와 종류

1. 허브의 정의

인간은 오래 전부터 풀과 열매를 식량이나 치료약 등에 다양하게 이용하여 왔는데, 점차 생활의 지혜를 얻으면서 인간에게 유용하고 특별한 식물을 구별하여 사용하기 시작하였다. 이러한 식물 가운데 허브는 가장 대표적인 것이라고 할 수 있다.

허브는 푸른 풀을 의미하는 라틴어 '허바(Herba)' 에 어원을 두고 있는데, 고대 국가에서는 향과 약초라는 뜻으로 이 말을 썼다. 기원전 4세기경의 그리스 학자인 데오프라스토스(Theophrastos)는 식물을 교목, 관목, 초본으로 나누면서 처음 허브라는 말을 사용하였다.

현대에 와서는 "꽃과 종자, 줄기, 잎, 뿌리 등이 약, 요리, 향료, 살균, 살충 등에 사용되는 인간에게 유용한 모든 초본 식물"을 허브라고 한다. 『옥스퍼드 영어사전』에는 "잎이나 줄기가 식용과 약용으로 쓰이거나 향과 향미(香味)로 이용되는 식물"을 허브로 정의하고 있다. 다시 말하면, 허브는 "향이 있으면서 인간에게 유용한 식물"이라고 정의할 수 있다.

원산지가 주로 유럽, 지중해연안, 서남아시아 등인 라벤더(Lavender), 로즈메리(Rosemary), 세이지(Sage), 타임(Thyme), 페퍼민트(Pepper mint), 오레가노(Oregano), 레몬밤(Lemonbalm) 뿐만 아니라 우리 조상들이 단오날에 머리에 감는데 쓰던 창포와 양념으로 빼놓을 수 없는 마늘, 파, 고추 그리고 민간요법에 쓰이던 쑥, 익모초, 결명자 등을 모두 허브라고 할 수 있다.

지구상에 자생하면서 유익하게 이용되는 허브는 꿀풀과, 지치과, 국화과, 미나리과, 백합과 등 약 2,500종 이상이 있으며 관상, 약용, 미용, 요리, 염료 등에 다양하게 활용되고 있다. 약초 건강유지 및 병의 치료에 쓰이는 약초, 음료, 차, 방부제, 해충구제 등에 이용할 수 있다.

향초 향수의 원료 방향을 이용하여 날것, 건조시키거나 기름을 추출하여 향장료, 포플리, 부향제로 쓰인다. 향신료 스파이스(Spice)나 허브(Herbs)라고 흔히 표현하는 식품의 꽃, 열매, 씨, 뿌리 등으로 방향 자극성이 있는 것을 말하며, 음식물에 향미를 첨가하여 식욕을 촉진시키는 역할을 한다.

2. 허브의 종류

딜 **(Dill)** 	딜은 기후만 적당하면 어디서든지 잘 자라는 양미나리과의 한 종류로 순한 맛이 난다. 씨나 가지를 사용할 수 있으며, 생선요리와 야채요리의 향신료로 사용된다.
로즈마리 **(Rosemary)** 	상큼하고 강렬한 향기를 풍기는 로즈마리는 민트과의 다년생 허브이다. 바늘 같이 생긴 뾰족한 잎으로, 상쾌한 향을 지녔지만 맛은 약간 맵고 쓴 편이다. 육류요리에 많이 쓰이며 이탈리아요리에는 없어서는 안 될 정도로 많이 사용된다. 육류나 생선, 감자요리 등과도 잘 어울려 한줄기를 곁들이는 것만으로도 향미가 풍부해진다. 잎은 장시간 조리해도 향이 없어지지 않으므로 스튜, 수프, 소시지 등의 향료로 이용되며 우스터 소스의 향을 내는 주성분의 하나이다.

마조람 **(Marjoram, Maggiorana)** 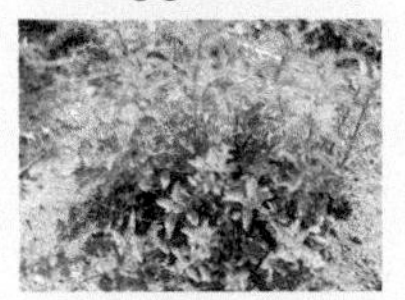	오레가노와 비슷한 종류로 더 섬세하고 우아한 맛을 지니고 있다. 잎과 줄기를 함께 잘라서 샐러드, 콩요리, 생선요리, 수프 등에 넣어 맛을 낸다. 마조람의 깊은 맛을 살리기 위해서는 요리가 다되었을 즈음에 넣어야 하며 대개 신선한 것보다 가루를 많이 쓴다.
민트 **(Mint, Menta)** 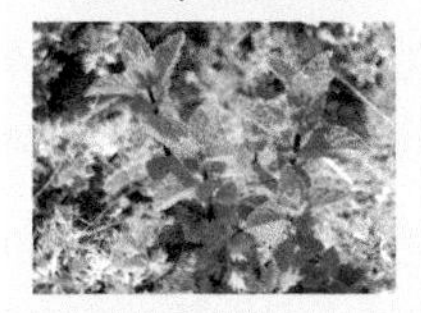	민트는 페퍼민트, 스피아민트, 애플민트 등 종류가 다양하다. 민트의 향은 기분을 상쾌하게 만들고 식욕을 돋워주기 때문에 오래 전부터 유럽에서는 민트 소스를 고기요리의 필수적인 향신료로 사용해왔다. 톡 쏘는 향미를 갖는 페퍼민트는 차로 마시면 좋고, 달콤하고 상쾌한 향을 내는 스피아민트는 양고기와 잘 어울리며 샐러드에 소스로 활용하면 과일의 맛을 한층 돋워준다. 애플민트는 고기, 생선, 달걀요리에 많이 쓰인다.
바질 **(Basil, Basilico)** 	토마토를 이용한 요리에 빠질 수 없는 향신료 바질은 엷은 신맛을 내며 달콤하면서도 강한 향기를 갖고 있는 일년생 허브이다. 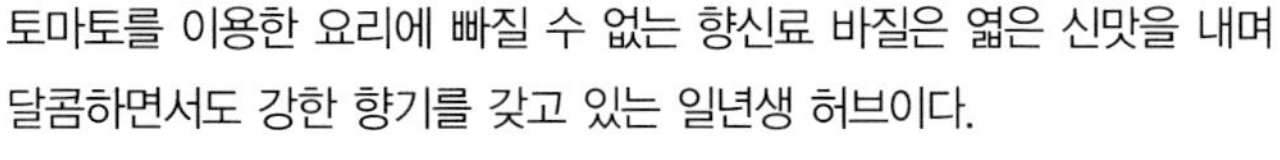 특히 토마토가 들어간 요리에 빠지지 않는 향신료로 닭고기, 생선요리, 파스타 등에 많이 사용한다. 건조한 바질은 신선한 것에 비해 풍미나 향이 다소 떨어지지만 가루로 만들어 쓰면 향이 증대된다. 신선한 바질을 사용할 때에는 너무 큰잎은 향기가 강하기 때문에 어린 잎을 사용하는 게 좋다. 또한 페스토(pesto)소스를 만드는 주재료이다.
샤프란 **(Saffron, Zafferano)** 	실고추와 생김새가 흡사한 샤프란은 음식에 노란물을 들이는 식용 색소로 주로 쌀요리의 향신료로 사용된다. 꽃의 수술을 따서 말린 것으로 향이 독특하다. 또 버터와 치즈, 비스킷 등에서 독특한 냄새와 색깔을 낼 때 쓰인다. 이탈리아요리에서는 리조토 밀라네제 등 쌀요리에 많이 사용된다.
세이지 **(Sage, Salvia)** 	약간 쓴 맛과 떫은 맛이 나는 세이지는 향이 강해 요리에 많이 사용되는데 건조시킨 것이 더 진한 향을 낸다. 주로 육류요리나 내장류의 냄새를 없애주며 고기의 맛을 좋게 한다. 또한 고기를 먹은 뒤에도 느끼한 맛이 남지 않게 하고 소화를 촉진시키므로 많이 사용한다. 주로 닭, 양, 돼지 등의 요리나 치즈, 소시지 등에 사용하며 이탈리아요리나 독일요리에 많이 쓰인다.
큐민 **(Cumin, Cumino)** 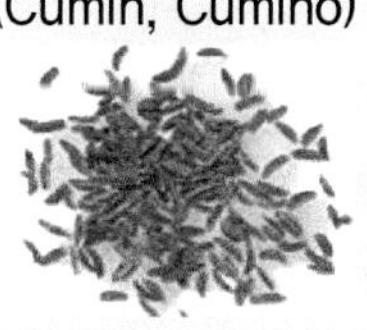	캐러웨이와 유사한 식물의 향기 있는 씨앗이다. 약간 씁쓸하고 달콤하면서도 다소 자극적인 향료로 이탈리아, 멕시코요리에 많이 사용된다. 북부 이탈리아에서는 주로 빵에 첨가하거나 삼사요리에 향을 내기 위해 넣기도 한다. 또 사우어크라우트(소금에 절여 발효시킨 양배추)의 향신료로 사용되기도 한다.

라벤더 (Lavender) 	향의 여왕으로 불리는 라벤더는 허브 가운데 가장 알려진 품종이다. 방향유 성분이 잎과 꽃 표면이 빛나는 것처럼 보이기 때문에 관상용 허브로 인기가 높은데 개화기 때 그 화려함이 더욱 빛을 발한다. 라벤더의 정유성분으로 만든 화장수는 피부를 긴장, 완화시켜주며 말끔하고 촉촉하게 재생시켜 주는 세정 효과가 있기 때문에 거친 피부에 효과가 크다. 라벤더향은 정신안정의 효과가 있어 베개에 넣어 안면을 위해 이용되었다. 라벤더로 차를 끓여 마시면 진정작용에 효과가 있고 진통과 두통을 없애 주며 기분을 전환시켜 숙면에 도움을 준다.
월계수잎 (Bay Leaf, Alloro) 	수프, 스튜, 고기, 야채요리 등에 광범위하게 사용되는 월계수잎은 생잎은 약간 쓴맛이 있지만 건조시키면 달고 강한 독특한 향기가 있어서 서양요리에는 필수적일 만큼 널리 쓰이는 향신료이다. 식욕을 증진시킬 뿐 아니라 풍미를 더하며 방부력도 뛰어나 소스, 소시지, 피클, 수프 등의 부향제로도 쓰이고 생선, 육류, 조개류 등의 요리에 많이 이용된다. 말린 잎과 생 잎 모두 사용한다.
차이브 (Chive) 	유럽, 미국 등에 널리 퍼져 있는 정원초로 부추와 같은 속이며, 아주 가는 실파와 흡사하게 생겼다. 잎은 순한 향을 가지고 있는데 잎을 다져서 장식용으로 사용하기도 하고, 달걀요리나 치즈요리에 넣으면 맛이 잘 어울린다.
코리엔더 (Coriander) 	고수풀이라고 부르며 미나리과에 속하는 60cm 정도 길이로 자라는 풀이다. 소시지류를 만들 때 향신료로 쓰이며 제과나 양조의 향신료로도 사용된다.
타라곤 (Tarragon, Estragone) 	유럽이 원산지인 다년생 정원초로 잎이 길고 얇다. 말릴 경우 향이 줄어들기 때문에 신선한 상태로 쓰는 것이 가장 좋다. 식초나 오일에 담아 허브식초나 오일을 만들기도 한다. 어떤 종류의 음식과도 그 향이 잘 어울린다.
파슬리 (Parsley) 	잎을 잘게 다져 샐러드, 파스타, 고기소스 등에 뿌려 사용한다. 냄새를 맡은 때는 향이 강하지 않으니 먹을 때 맛과 향을 발하는 파슬리는 서양요리에 빠져서는 안 되는 필수양념이며, 음식의 장식용으로도 사용된다.

타임 (Thyme, Timo) 	일명 '사향초'라고 하며 향료 및 약용식물로 오랜 역사를 지녔으며, 톡 쏘는 듯한 자극성 짙은 풍미로 요리에 깊은 맛을 더해준다. 생선요리나 육류요리의 비린내 제거에 좋은 타임의 향은 채소, 육류, 어패류 등 어느 것에나 잘 어울린다. 건조시키면 향이 더욱 짙어지고 열을 가해도 향은 변하지 않는다. 또한 타임차는 옛날부터 약효가 뛰어나 불면증에 시달리는 사람들이 음료로 먹으면 효과가 있는 것으로 알려져 있다. 방부, 살균력을 지니고 있기 때문에 햄, 소시지, 케첩, 피클 등 저장식품의 보존제로도 쓰이며 스튜, 수프, 토마토소스 등 오랜시간 조리하는 요리에 주로 쓰인다.
펜넬 (Fennel) 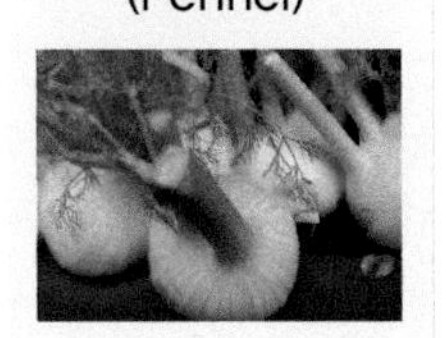	구근과 줄기, 잎 부분은 야채로 이용되며 갈색의 씨앗은 향신료로 이용된다. 아니스(Anise)와 맛이 비슷하나 사이즈가 좀 더 크고 이탈리안 소시지나 토마토소스 등에 사용되며, 특히 돼지고기와 그 맛이 잘 어울린다.

Basic Western

Cooking

음식유래 및 상식

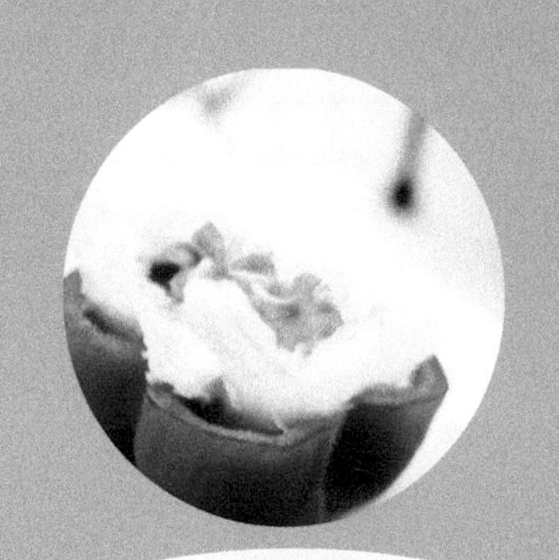

음식유래 및 상식

■ 레스토랑(Restaurant)

1765년 부랑제라는 사람이 건더기 많은 부용(Bouillon)을 팔았다. 그래서 레스토랑의 의미가 건강 회복제라는 의미로 쓰이게 되었다. 그때는 일반식당이 없었기 때문에 인기가 좋았다. 프랑스 대혁명 후 귀족요리사들이 사회로 나와 식당을 차리고 서민들에게 귀족들이 일상적으로 먹던 음식을 그대로 판매하였다. 오늘날 식당의 원조는 보위레이고 식당의 시작은 부랑제이다.

■ 샴페인(Champagne)

프랑스 오트 빌리예에 있는 성 베드로 사원의 포도주 관리인 페리뇽 신부는 여러 종류의 포도주를 섞어 발효해 보다가 별처럼 반짝이고 물방울처럼 튀는 별난 포도주를 발견하였다. '별들' 이라고 1690년경에 명명한 이 포도주가 샴페인의 원조이다. 처음에는 악마의 포도주라 하여 꺼렸지만, 방돔의 낚시꾼이 샴페인을 가지고 파티를 열기 시작한 18세기 초부터 인기가 좋았다. 코르크 마개는 스페인 수사들이 물통 뚜껑을 이용하는 것을 보고 페리뇽 신부가 코르크 나무껍질로 사용하게 하였다.

■ 소시지(Sausage)

16세기 종교대립으로 프랑스를 두 개로 나눈 위그노전쟁 당시 상파뉴 지방에 국왕군과 트루아군(군주 부대)이 싸우고 있었는데, 국왕군에게 트루아군이 곧 함락될 지경에 이르렀다. 이 지방에는 불을 가하면 강력한 냄새가 나는 소시지가 있었는데, 국왕군에게 이 소시지와 포도주가 주어지게 되었다. 그날 저녁 국왕군이 먹고 마시며 놀고 있을 때 트루아군이 전열을 가다듬어 마을을 끝까지 지키게 되었다. 소시지의 어원은 프랑스어 Saisus(소금에 절인 것)에서 나왔고 비엔나, 프랑크푸르트 등 300종이 넘는다.

■ 포도주 상식(1)

고대 사람들은 포도주를 취하는 즐거움에 마셨는데, 근대에 알려진 바에 의하면 육식을 많이 하면 소화흡수 과정에서 산성화되기 때문에 알칼리성인 포도주를 마셔 몸의 균형을 이루었다고 보는 견해가 지배적이다.

■ 포도주 상식(2)

프랑스 혁명 전의 루이 16세와 그의 부인은 요리와 포도주를 먹어보고 짝지움을 시작했다고 한다. 베르사이유 궁전에서의 미식문화도 대단하지만, 프랑스 국민의 끈질긴 미식 추구가 오늘날 요리의 종주국이라는 명성을 얻게 한 원동력이라 볼 수 있다. 유럽 여러 나라에서도 프랑스식 생각과는 다르지만 대개 가벼운 요리에는 가벼운 포도주를, 무거운 요리에는 무거운 포도주를 마신다.

■ 카망베르치즈(Camembert Cheese)

파리의 서쪽 노르망디 작은 마을 카망베르(Camembert)는 연한 치즈의 특산지로 유명하다. 18세기 말 노르망디의 농사군 부인 마리 앙레르가 나폴레옹 1세가 이 마을을 지날 때 식사용으로 치즈를 상납하였다. 나폴레옹이 먹어보니 치즈에서 나는 냄새가 자기가 사랑하는 부인 조세핀의 체취와 비슷하여 매우 좋아하여 맛있게 먹게 되었는데, 그 이후부터 유명해지기 시작하였으며 지금은 치즈의 여왕이라고 불릴 정도로 호평이 나있다.

■ 브리치즈(Brie Cheese)

일 데 프랑스 지방에서 만들어진 흰 곰팡이 치즈로 크림과 같은 풍미는 카망베르치즈와 동일하다. 숙성기간은 약 1개월이고 카망베르 치즈와 같은 모양으로 외측에서 숙성시키지만 카망베르 치즈는 지름 10㎝ 정도의 원통형인 것에 비해, 브리치즈는 편평한 원반형에 지름은 약 32~30㎝이다. 브리치즈는 프랑스의 최고품으로 브리 드 모(Brie de Meaux), 브리 드 모랭(Brie de Meun)과 소형의 클로미에(Coulommiers)가 있다. 체에 받쳐 으깨어서 케이크 반죽에 넣기도 하고 필링을 만들어 치즈 케이크의 재료로 사용한다.

■ 고다치즈(Gouda Cheese)

네덜란드의 숙성 치즈로 마을 이름에서 유래되었다. 일반적으로 원통을 찌그러뜨려 놓은 것 같으며 무게는 3.5~15㎏까지의 것이 있다. 숙성기간은 3~4개월이나 일년 이상 숙성시킨 것도 있다. 건조방지를 위해 둘레에 왁스칠을 했기 때문에 외면은 적색이나 황색, 내부는 황색이며 자르면 작은 구멍이 있다. 고다치즈는 프로세즈 치즈의 원료로 사용된다. 강판에 갈아 쿠키, 케이크, 빵에도 사용한다.

■ 체더치즈(Cheddar Cheese)

잉글랜드 남서부 사마세트주의 체더마을에서 최초로 만들어졌으며 체더 왕조시대(15세기 말에서 17세기 초)에 널리 알려졌다. 숙성기간은 5~8개월이고 숙성기간이 길수록 치밀하며 향을 가지고 있고, 색은 백색에서 점차 변한다. 원통형으로 무게는 약 4.5~20㎏까지이며 여러 가지 모양으로 잘라 진공포장을 시켰기 때문에 형태가 다양하다. 이러한 체더치즈는 잉글랜드를 최초로 하여 지금은 아메리카 체더치즈, 오스트리아 체더치즈, 캐나다 체더치즈, 뉴질랜드 체더치즈가 있다. 비교적 단단하므로 강판에 갈아 쿠키나 케이크 등에 사용한다.

■ 파스타(Pasta)

마르코 폴로가 중국에서 이탈리아로 소개했다는 말이 있으나 사실이 아니며, 로마제국 때 잉여된 밀을 이용 파스타를 만들어 건조시켜 저장했다는 기록이 있다. 파스타가 Antipasti 다음 첫 코스로 정착된 것은 거의 19세기 이탈리아 북부에서부터이며, 19세기 초기만 해도 Minestra에 부속물로 이용되었다. Stuffed 파스타는 르네상스 시대에 벌써 등장하였다 한다. 파스타의 영양학적 성분은 거의 탄수화물로 이루어졌으며 조금은 단백질, 비타민, 미네랄, 지방 등을 포함하고 있다. 가장 양질의 파스타는 Drum Wheat로 만들어진다. 이 밀은 거의 캐나다에서 수입되고 있다. Drum Wheat는 밀의 일종으로 딱딱한 것이 특징이며 배젖(씨눈)을 이용한다.

■ 스파게티(Spaghetti)

1275년 중국 원나라시대 이탈리아의 상인 마르코폴로가 식크로드를 경유하여 원나라 세조를 알현하였다. 이 때 먹어본 중국 면요리의 맛이 너무 좋아 마르코폴로는 귀국 후 자신이 중국에서 직접 맛본 면요리를 만들어 많은 사람들에게 맛보였고, 이 면요리가 점차 대중화되어가면서 오늘날 이탈리아의 상징적인 음식인 스파게티가 되었다는 설이 있다. 스파게티(Spago : 이탈리아어)는 끈이라는 뜻이다.

■ 요리(料理, Cooking)

요리(料理)란 말의 어원은 황필수가 쓴 『名物 略』의 '料理外國治' 에서 나왔다고 한다. 일본에서는 요리란 말의 쓰임을 평아조 시대부터 영어의 쿠킹(Cooking)과 같은 의미로 사용했다. 그 후 일본에서는 어휘가 요리에서 조리로 변화되었는데, 이것은 중국에서 조리를 '調和理治' 리 하여 사리에 따라 잘 처리한나는 뜻과 치료한다, 보양한다는 뜻이다. 우리나라의 조선시대 조리서에서는 정조(鼎組: 도장규, 거할곤)라 하여 여자들이 있는 곳을 의미했다.

■ 오믈렛(Omelette)

옛날 스페인 왕이 수행원을 데리고 시골길을 산책하던 중 배가 고파서 식사준비를 시켰다. 수행원은 근처 누추한 집에 가서 왕의 식사준비를 시켰다. 아무것이라도 좋으니 빨리 만들라고 독촉했다. 주방에 있던 남자는 달걀을 풀어 팬에 넣고 익힌 후 접시에 담아 왕에게 바쳤다. 왕은 그 남자의 동작을 보고 'Quel Homme Lest!(정말 재빠른 남자)' 라고 불렀다. 그 후 Hommelest(오믈레스트)가 Omelette(오믈렛)으로 변했다. 그러나 라틴어인 달걀(Ovum)이란 뜻과 달걀구이(Ovemel)에서 왔다는 설도 있다.

■ 코르동 블루(Cordom Blue)

루이 14세 때인 1671년 4월 프랑스의 왕가 부르봉(Bourbon)의 자손인 콩데공작(1621~1686, Prince de Conde dit le Grand Conde)이 파리 북방에 있는 성 샹떼이(Chantilly)에 루이 14세 및 그의 왕비 마리 테레즈(1638~1683)를 위주로 하여 약 3,000여 명이나 되는 손님을 초대하였으나 손님수가 예정보다 많이 와서 음식이 부족하게 되었고, 분위기가 생각보다 잘 맞지 않아 평판이 나빴다. 이에 콩데공작이 연회책임자인 바텔(Francois Vatel)을 불러 크게 호통을 쳤고, 바텔은 다음날 파티는 필히 잘 끝낼 것을 약속하였다. 바텔은 다음날 특별메뉴로 생선요리를 고안하여 신선한 생선을 구입할 것을 어부들에게 명령하였으나, 그날이 마침 금요일이라 지시한 시간까지 생선의 구입이 어려워지자 바텔은 이에 책임을 느끼고 단도로 자살하였다. 이 때 생선은 다른 어부로부터 2시간 후에 도착하였다. 이 소식을 들은 루이 14세는 바텔의 책임감에 감동하였다. 이때부터 프랑스 궁전에서는 유명한 요리장이나 연회책임자에게 훈장을 수여하였으며, 이때 수여한 훈장을 코르동 블루라고 하여 지금도 유명한 요리사를 코르동 블루라고 칭하게 되었다.

■ 미르푸아(Mirepoix)

18세기 레비스 미르푸아(Levis-Mirepoix) 공작의 요리장이 개발한 것으로 육수, 소스에 필요한 당근, 셀러리, 양파, 대파와 향신료, 햄 등을 굵직하게 엇썰기 한 것을 기름에 볶아, 수프나 소스를 끓이는데 사용한다.

■ 레리쉬(Relishe)

레리쉬란 '맛을 즐긴다, 풍미가 있다'는 의미와 '식욕을 돋우는 요리(Appetizer)'란 뜻이 포함되어 있다.

■ 핫도그(Hot Dog)

핫도그의 기원은 1893년의 시카고 만국박람회 때 등장한 간이식품으로, 가느다란 프랑크푸르트 소시지를 빵 틈에 끼워 먹는 일종의 샌드위치인데, 이것을 먹어본 어느 한 손님이 "뜨거운 개고기 소시지를 먹는 것 같다"고 하자, 주인이 그에 힌트를 받아 핫도그란 이름을 붙였다고 한다.

■ 도넛(Dough Nut)

도넛은 200년 전 미국에서 어떤 부인이 과자반죽을 만들고 있을 때 인디언이 화살을 쏘았다. 깜짝 놀란 부인이 끓는 기름에 과자반죽을 떨어뜨려 화살이 그사이 지나가 구멍난 과자 튀김이 생겼다는 설과, 네덜란드 호두로 올려놓은 튀김과자 이름이 반죽(Dough)과 호두(Walnuts)가 합쳐서 되었다는 이야기가 있다.

■ 슈(Choux)

프랑스어로 슈는 양배추를 뜻하는데, 구워진 상태가 양배추 같다하여 슈라고 한다.

■ 빠엘라(Paella) 요리

원래 이 요리는 발렌시아 근처에 있는 호수에서 잡힌 뱀장어와 강낭콩, 토끼고기, 달팽이 등을 올리브기름에 볶아 밥을 짓는 것이 원형이다. 스페인 발렌시아 지방에서는 매년 9월 두 번째 일요일에 좀 색다른 대회가 있다. 남자들이 앞치마를 두르고 냄비를 들고 요리솜씨를 겨룬다. 여기서의 재료 배합은 자유자재이기 때문에 스페인 가정에서 만큼은 빠엘라 요리수는 가지가지이다. 현대에 오면서 선도가 좋은 해산물에 사프랑(Saffrance)의 노란색과 향을 첨가하여 스페인의 대표적인 밥요리가 되었다.

■ 훈제(Smoking)

훈제는 소금에 절인 고기류를 연기에 그을려 건조시키는 방법인데 참나무, 밤나무, 벚나무, 소나무 등 재료에 따라 특유의 풍미를 가질 뿐 아니라 보존성도 길어진다. 일반적으로 훈연의 방법은 냉훈, 은훈, 액훈법이 있다.

■ 보졸레 포도주(Beaujolaise Wine)

구약성서에 나오는 이야기로, 세상에 큰 홍수가 날 걸 미리 알고 방주를 만들어 타서 재난을 면할 수 있었던 노아가, 어느 날 항해를 하다가 하나의 포도덩굴을 발견하게 되었다. '어쩌면 열매가 맺을지도 몰라' 라고 중얼거리며 그는 그 덩굴을 배로 가져와 새의 뼈 속에 보관했다. 생각대로 덩굴이 점점 자라나게 되자, 그는 이번엔 곰의 뼈 속으로 덩굴을 옮겨 놓았다. 덩굴은 더욱더 크게 자라나 드디어는 방해가 되기에 이르렀다. 마침 보졸레라고 하는 마을 근처를 지나게 되었을 때 노아는 포도덩굴을 곰의 뼈와 함께 던져버렸다. 이것이 보졸레 마을이 포도의 산지가 되게 된 전설이라고 한다.

■ 리큐르(Liqueur)

중세 수도승들이 신에게 바치기로 한 포도주에 약 130종의 약초를 이용하여 만들어진 리큐르는 라틴어 리큐오르에서 온 프랑스 말이다. 피로를 푸는 약으로 여러 가지 병에 좋은 것으로 알려져 있다. 소멸되었던 리큐르는 어느 수도원에서 만드는 법이 적혀 있는 양껍질이 발견되어 부활되었다. 리큐르 이름은 수도원 이름이 많다. 베네딕틴, 샤르토즈가 쌍벽을 이룬다. 리큐르는 식사 후 맛있는 그릇에 향기와 맛을 즐기는 식후 술이다.

■ 로크퍼르(Roquefort)

프랑스 남부지방의 로크퍼르 마을의 양치는 아이가 자기 어머니가 싸준 우유로 만든 점심을 가지고 양을 치러 나갔는데, 그 점심을 동굴에 놓아두고 양을 돌보다가 양들이 너무 멀리 가서 다시 동굴로 돌아올 수 없어 그냥 집으로 돌아간 후 나중에 그 동굴에 가보니 전에 놓아두었던 그 우유제품에 파란 곰팡이가 피어 있었다. 마침 배가 고파 먹어보니 독특한 향기가 나고 맛이 있어 집으로 가지고 가 어머니와 마을사람들에게 알린 것이 유명해졌다. 블루(Blue)나 로크퍼르(Roquefort) 드레싱은 치즈 드레싱 중 하나이며 미국산보다 프랑스 제품이 우수하다.

■ 아메리칸소스(American Sauce)

이 소스는 미국에서 일한 경험이 있는 피에르 프레세에 의해 창조된 바다가재 소스 중 가장 대표적인 소스이다. 그는 1900년경에 게마인 필론(Germain Pilon) 거리에서 식당을 경영하던 중 어느 날 폐점이 가까워졌는데 손님이 와서 요리를 주문하였다. 짧은 시간에 식사제공을 위해 여러 가지 생각 중 냄비에 버터, 토마토, 마늘, 백포도주를 넣고 끓였다. 그리고 바다가재를 조각으로 자르고 소스를 걸러 요리를 만들어 손님에게 제공했다. 요리가 맛이 있어 손님들이 이 요리가 무엇이냐고 물으니 아무 생각 없이 '오마르드 아 아메리켄(Homard a Americaine)'이라고 말했다. 그 후 아메리칸 소스가 유명해졌다. 이 소스는 적색 소스로서 생선 소스의 대표적인 소스이다.

■ 베샤멜소스(Sauce Bechamel)

이것은 흰 소스의 대명사로 불리우며 현대요리에는 절대적으로 뺄 수 없는 것으로, 이 베샤멜소스는 루이드 베샤메뉴(Louis de Bechamel)라는 이름에서 유래해 왔음이 잘 알려져 있다. 그는 은행가로서 루이 14세 급사장직을 맡아 일했는데, 당시 급사장이란 직위는 현재 식당의 급사장과는 전혀 다르며 그 당시 최고의 귀족만이 차지할 수 있는 지위였다. 중요한 것은 베샤멜소스의 발명자가 이 베샤메유 후작이었다고 전해지고 있으나, 실제로는 그가 태어나기 전부터 이 소스는 존재하고 있었다는 것이다. 그것을 현재와 같은 형태의 소스로 만든 것이 베샤메유 후작이었던 것 같으며, 그에게 봉사하고 있던 요리사가 주인에게 경의를 표하면서 이 이름을 부르게 된 것이 아닌가 생각된다. 원래 이 소스는 생크림을 다량으로 첨가한 벨루테를 써서 만들어졌는데, 그 유명한 카렘의 조리법도 지금것과는 크게 달랐다. 베샤멜소스 만드는 방법은 우유를 어떻게 넣느냐에 달려 있다. 예를 들어, 1ℓ의 우유를 사용할 때 2/10는 한 번에 넣어 데우다가 루(Roux)를 첨가한 다음 나머지는 천천히 풀면서 저어 주면 덩어리가 생기지 않는다. 모든 것이 그렇지만 소스는 특히 많은 경험이 축적되어야 완벽한 것을 만들 수 있다.

■ 토마토소스(Tomato Sauce)

남이탈리아는 맛있는 토마토산지로 유명하여 토마토소스의 발생지이기도 하다. 스파게티, 마늘, 올리브오일 요리와 같이 이탈리아 사람들에게는 식생활의 일부분이 되어 있는 요리이다.

■ 베어네즈소스(Bearnaise Sauce)

이 소스의 이름은 원래 헨리 4세가 태어났던 특별한 지역을 상기시키는데, 실제는 베아른에서는 조금도 유래하지 않았다. 이 소스는 처음으로 파비엉(Parvillon) 헨리 4세를 위하여 1830년 컬리네트(Collinet)라는 요리사에 의해 생트 제르맹 앙래(Saint Germain en Laye)에서 실현되었다. 사람들은 La Cuisine Des Viles et Des Campagnes(1818) 속에서 비슷한 요리법을 찾아볼 수 있다.

■ 홀란데이즈소스(Hollandaise Saucc)

홀란드의 원래 의미는 'Dutch' 이다. 네덜란드가 옛날에 프랑스 식민지일 때 버터 등을 공물로 바치던 것이 소스의 이름이 되었다. 이 소스는 달걀이 익으면 안

되고 브로콜리, 아스파라거스에 이용된다. 채소나 고기요리에 사용된다.

■ 로베르소스(Rovert Sauce)

로베르소스는 식초와 백포도주를 토대로 만든 소스의 이름으로, 옛날부터 돼지고기(Cote de Porc)와 그 밖의 육류(Viandes Grillees)에 많이 사용되었다. 사람들은 오를레앙공 필립의 섭정시대 요리사인 로버트 비노트(Rovert Vinot)가 이것을 만들었다고 한다.

■ 버섯(Mushroom Sauce)

버섯은 동양에서 오랫동안 장수의 상징으로 알려져 온 음식이다. 중국의 장수신인 수노인은 버섯장식이 달린 지팡이를 짚고 다녔다는 이야기도 남아있다. 실제로 서양버섯이 별다른 약효가 없는데 비해 동양버섯들은 다양한 민간요법이 전래되고 있으며 과학적으로도 효능이 인정되고 있다. 표고버섯과 무더기버섯, 팽이버섯, 목이버섯 등은 혈액의 정도를 낮추고, 암을 예방하며, 혈중 콜레스테롤치를 낮추고 면역체계의 움직임을 활성화시키며 바이러스의 활동을 억제시킨다.

■ 리요네즈(양파)(Lyonnaise Sauce)

이 소스는 리옹식의 소스로서 리옹은 프랑스 남부에 있는 식도락 천국이라고 불리는 프랑스 제3의 도시이며, 양파가 많이 재배되기 때문에 리요네즈라고 명칭이 붙은 요리는 모두가 양파가 들어가는 것이 많다. 양파는 백합과에 속하는 다년생초로서 페르시아가 원산지이고 종류는 백, 보라, 홍 등이 있는데, 백색은 조성으로 연하나 저장성이 약하고, 홍색은 질이 나빠서 매운 맛이 강하다. 그리고 양파는 동맥경화에도 좋다.

■ 보졸레 누보(Beaujolaise Nouvcau)

보졸레는 프랑스 리용시 근처에 위치한 유서 깊은 와인 생산지로서 보졸레 누보(Beaujolais Nouveau)란 가장 최근에 수확한 보졸레산 포도만으로 담근 와인을 일컫는 명칭이다. 보졸레 누보의 진가가 세계적으로 알려지기 시작한 것은 1959년 로버트 드로인(Robert Drouhin)이라는 사람이 그해 11월에 수확한 보조레의 포도만을 따로 저장했다가 가까운 친구들에게 선을 보이면서부터라고 한다. 그 후 파리, 브뤼셀, 밀라노 등지에서 큰 인기를 모으면서 보졸레 누보는 세계의 와인으로 그 명성을 날리게 된 것이다.

■ 바가라드소스(Bigarade Sauce)

이 소스는 프랑스 중부지방에서 재배되고, 설탕에 절인 바가라드는 니스의 특산품이다. 바가라드란 큐라소(Curacao)를 만드는 오렌지로, 큐라소는 오렌지 리큐르인데, 원칙적으로 오렌지 껍질만을 사용하여 만든다. 종류는 흰색이 주종인데 착색을 하여 블루, 레드, 그린 등이 있다.

■ 앤초비 버터(Anchovy Butter)

앤초비는 북해 대서양, 지중해 연안에서 겨울에 주로 잡히며 신선한 때의 색은 밝은 녹색을 띠다가 점차 진한 감청색으로 되고 결국은 거의 검정색으로 변한다.

■ 버터(Butter)

버터의 기원은 초기 노르만 민족이 소, 양, 염소, 낙타 등의 우유에서 만든 것을 시초로, 아리아인들은 이것을 신성한 음식으로 생각한 인도인에게 소개했다. 미국 농무성의 버터에 대한 정의를 보면 "버터라고 알려진 식품은 우유, 크림, 혹은 우유크림, 혼합물에서만 만들어지고 무염이나 유염, 그리고 색소를 넣거나 안 넣거나 하여 유지방 80%가 포함된 것이다.

■ 딥(dip)

'살짝 적신다, 담근다' 는 의미가 있으며 Dip 자체는 일종의 Thick Sauce 형태로 그 자체만으로는 제구실을 못하며 크래커, 칩, 토스트(카나페) 등에 올려놓아야 한다. 딥 종류는 치즈가 주로 쓰인다.

■ 굴(Oyster)

유럽과 미국의 해안을 따라 서식하는데 대단한 진미로 평가되고, 가장 유명한 굴은 발틱해 독일해안, Whitstable, Triest, Venice, 미국의 대서양 해안에서 딴 것을 알아준다. 익히거나 날것으로 먹을 수 있고 수프로도 사용하며 파이나 스튜, 소(Stuffing)에 채워 넣을 때도 쓰인다. 보스턴식 굴은 세계에서 잘 알려져 있다. 굴, 조개는 길이가 6㎝ 정도이고 긴 달걀형으로 대개 왼쪽으로 크고 오른쪽으로 작다. 살은 굴이라 하여 맛이 좋고 석화라고도 하는데 돌에 붙어 살고 있다. 굴은 어패류 중에서 여러 가지 영양소를 이상적으로 가졌고, 고대 로마 황제 등이 즐겨 먹었고 요즘도 '바다의 우유' 라고 불리운다. 굴에는 천연굴이 알이 잘고 양식굴은 크다. 맛은 천연굴이 더 좋고 알이 잘아 회나 굴젓으로 알맞다.

■ 캐비아(Caviar)

13세기경 러시아에서 '1kra' 라는 최초의 생산품을 만들었다. 'Caviar' 라는 말은 터키의 'Havyar' 라는 말에서 변형된 것이다. 캐비아는 철갑상어알로써 진주빛의 회색에 연한 갈색까지 여러 가지가 있다. 미국의 경우 1966년에 검은색을 띠는 것을 캐비아라고 칭했다. 캐비아는 Yellow Bellied Sterlet라는 상어알이 최고인데, 지금은 거의 멸종되어 러시아 영해에서만 찾아볼 수 있는 것이 되었다. 이 상어알을 제정 러시아 황제 등만이 먹었던 황금색의 캐비아라고 한다.

■ 레몬(Lemon)

로마시대 때 사람들은 레몬이 모두 독을 해독한다고 믿었다. 이 믿음은 너무도 깊이 뿌리내려 심지어 '점심때 독사 굴에 떨어졌으나 아침에 레몬을 먹은 덕에 죽지 않았다' 는 소문마저 나돌았다. 요즘에는 맛을 좋게 하기 위해 생선요리에 레몬을 뿌리지만, 근세 이전에는 레몬이 목에 걸린 가시를 녹여준다는 그릇된 믿음에서 레몬을 요리에 이용하였다.

■ 테린(Terrine)

테린은 원래 질그릇을 이야기하는데 요즘은 양재기, 항아리를 뜻한다. Pate, Terrine은 이탈리아 메디치가에서 각종 연회에 예술적 아름다움과 복잡함으로 유명하다. Pate는 밀가루 반죽에 햄, 소시지 등을 넣어 굽는 것을 말하고 Terrine은 기름을 틀에 넣고 가운데 소시지, 햄 등을 넣어 익히는 것을 말한다.

■ 달팽이(Escargot)

달팽이는 프랑스, 중국, 일본 등지에서 강장식품으로 되어 있다. 그리고 스페인에서는 '카라 고레스' 요리 재료가 되고 프랑스에서는 미식가들이 먹는 요리로 알려져 있다. 달팽이 살에는 '뮤신' 이라는 점액이 있는데, 이것이 조직의 수분을 유지시키고 혈관, 내장 등에 윤기를 주게 된다. 지금으로부터 500년인 15C에 당시의 대법관이 빈민구제를 위하여 자기의 영토를 포도밭으로 만들어서 백성에게 포도를 재배하게끔 하였으나, 달팽이들이 포도의 잎사귀를 갉아먹기 때문에 이를 박멸시키기 위해 농민들로 하여금 달팽이를 잡아먹게 하였다. 지금은 프랑스요리로서 세계적으로 알려져 있는 식용달팽이 요리는 어떤 레스토랑에서도 맛볼 수 있는 이 지방 특유의 별미이다.

■ 콘소메(Comsomme)

프랑스 어느 귀족 중에서 주방장이 요리사에게 걸쭉한 수프를 만들도록 지시했다. 수프가 완성될 때쯤 맛을 본 주방장이 맛이 없다고 큰소리로 야단을 하였다. 그 후 요리사는 신경질이 나서 달걀흰자와 고기채소를 섞어 골탕 먹이려고 한꺼번에 넣고 도망을 쳤다. 얼마 있다가 수프가 완성되었나 확인하려고 주방장이 와 본 결과 요리사는 도망갔고 맑은 국물만이 끓고 있었다. 할 수 없어 국물을 걸러서 손님에게 제공하면서 불안해했는데 한 숟갈 떠먹어 본 귀부인들은 탄성을 자아냈다. 채소, 고기의 엣센스(Essence)만을 맑고 투명하게 만든 최초의 수프인 것이다. 콘소메라는 말은 완성했다고 하는 의미가 있다.

■ 주리엔(Julienne)

1785년 요리장 주리앙, 주리엥이 만든 채소를 집어넣은 콘소메 수프이다. 그는 모든 유산을 가난한 사람에게 전부 남겨 줄 정도로 살아 있을 때에도 가난한 결핵 환자의 영양 향상에 노력하여 어떻게 하면 영양 있는 음식을 그들에게 먹일 수 있을까 생각하던 중, 채소를 잘게 썰어 콘소메 수프에 집어넣어 환자에게 먹인 것이 지금의 콘소메 주리엔이다. 그 이후부터 채소를 잘게 채 써는 것을 주리엔이라 했다.

■ 양파 그라탕수프(Onion Gratiner Soup)

18세기 프랑스의 미식가에 있어서 매우 고통스러운 시기가 있었다. 사순절 부활제 전 40일간은 가톨릭에서는 고기 먹는 것이 금지되었다. 미식가였던 규시 후작은 고기보다 맛있는 요리를 주방장에게 만들도록 명령했다. 양파를 얇게 썰어 버터에 볶고 설탕을 약간 넣어 갈색이 되게 한 다음 부용을 첨가하여 끓인 후 빵을 위에 놓고 치즈를 많이 넣어 호박색 수프를 만든 것이 원조이다. 요즘도 프랑스에서는 영화가 끝난 후 비스트로에서 양파수프를 즐긴다.

■ 부야베스(Builla Baisse)

부야베르 요리는 가장 오래된 수프인데, 6세기경에 마르세이유에서 완성했다. 그 무렵 훌륭한 범선이 젊은 어부에게 배 수리를 의뢰하였다. 그런데 배주인은 젊은 어부 약혼자에게 이 배에는 당신에게 어울리는 의상, 보석이 잔뜩 있으니 같이 가자고 유혹했다. 이 꿈같은 유혹에 아가씨는 유혹당했다. 떠날 때 갑판에서 아가씨는 큰 고기를 젊은 어부에게 던져주었다. 젊은 어부는 생선살로 수프를 끓이고 생선 간에 마늘, 고춧가루, 올리브기름을 넣어 수프에 넣어 먹으니 맛이 좋아 아가씨 일을 잊어버렸다고 한다. 근래에는 아이오리 소스를 빵에 발라 수프에 넣어 먹기도 한다. 마르세이유는 프랑스 남부의 항구 도시이다.

■ 비시스와즈(Vichyssisos)

비시스와즈는 찬 수프의 대명사이다. 찬기운을 느끼면 매끈매끈한 맛이 프랑스에서는 어머니의 맛이라고 한다. 프랑스의 유명한 요리사 루이 디아는 그가 어릴 때 어머니가 감자와 파에 닭 육수를 넣어 삶아 만든 수프를 만들어 주곤 했다. 그런데 수프가 남으면 그 다음 아침에 차가운 우유를 부어 주곤 했다. 훗날 그는 뉴욕의 한 호텔에 주방장을 하면서 어머니가 만들어 주었던 수프를 만들어야겠다는 생각을 하게 되었다. 1917년 그는 여름이 되자 수프판매가 저조하여 옛날에 먹던 우유 넣은 감자수프를 만들어 손님에게 제공했는데, 호평이 좋아 식당에 손님이 만원을 이루었다. 그는 이를 자기 고향인 비시(Vichy) 스타일의 비시스와즈 수프라고 칭하게 되었다.

■ 가스파츠(Gazpacho) 수프

스페인 명물 가스파츠는 샐러드라는 설과 수프라는 설이 존재한다. 원래 가스파츠는 아라비아 말로 젖은 빵이라는 뜻인데, 12세기경부터 스페인 서민들의 여름 요리로 전해져 있는 요리이다. 프랑스의 작가이며 미식가인 메리메는 스페인의 전통적 샐러드라고 하고, 스페인 알날루시아 사람들은 생채소로 만든 여름수프라고 주장한다.

■ 크로와상(Croissant)

크로와상은 초생달 빵이라 할 수 있으며, 그의 기법은 데니쉬프룬터(Danischer Plumder)와 그다지 다를 바 없다. 그러므로 생지의 준비, 유지 싸 넣기, 휴지 접어 포개기 등의 일관작업은 데니쉬 페이스트리와 같다. 데니쉬 페이스트리의 본고장인 덴마크에서는 비에나 브로트(Wiener Brot)로 불리우고 있음은 이의 접어 넣는 생지가 전하여진 경로가 오스트리아의 빈으로부터 덴마크에 전해졌음을 증명한다. 크로와상은 한편 빈으로부터 프랑스로 전해져 프랑스의 빵으로 발달되었던 것이다. 초생달 모양의 빵 그 자체는 대단히 역사가 만들어졌다는 설이 존재한다. 옛날 멕시코 유카탄 반도의 칸베체 항구에 영국 상선이 도착하여 선원이 술집에

들어갔을 때 소년이 깨끗이 벗긴 나뭇가지를 사용해 맛있게 먹고 있어, 선원이 그 것이 무엇이냐 물으니 이건 "코라데죠입니다"라고 했다. Cora de gallo란 뜻이 수탉의 꼬리란 뜻이나, 그 후 선원들이 데일 오브 칵이라고 부르다가 그 후 칵테일이라고 부르게 되었다. 칵테일은 술을 두 가지 이상 섞어서 먹는다는 의미로 사용되는데, 소스에서는 새우나 기타 전식에 나갈 때 사용한다. 유럽에는 존재하지 않고 미국 쪽에서 많이 사용된다.

■ 갈란틴(Galantine)

갈란틴은 Galant에서 유래하였는데 '우아한, 멋진' 이란 뜻이 있다. 중세에는 반죽을 이용하여 동물 모양을 제작하여 연회에서 보이는 중점을 두었는데, 근래에는 치킨 갈란틴(Chicken Galatine)을 많이 이용한다.

■ 페타 치즈(Feta Cheese)

그리스의 전통적인 치즈로 양유, 산양유, 우유 등이 원료이며 소금물의 가운데다 숙성시켰다는 것이 다른 제품과의 차이이다. 사용할 때는 속 알맹이에다 30분 이상 담궈 소금 성분을 없앤 후 사용한다. 그리스 외에 미국 페타치즈, 불가리아 페타, 덴마크 페타, 독일 페타 치즈 등이 있다. 진수에 담궈 소금을 없애고 체에 받치거나 주걱으로 풀어서 치즈 케이크, 쿠키, 크림루에 사용한다.

■ 프티 쉬쓰(Petits Suisse)

19세기 중엽에 프랑스에서 만들어진 크림형의 치즈로 유지방이 60~75%이며 더블 크림 타입과 트리플 크림타입의 두 종류가 있다. 산미를 가지고 있는 것이 특징이며 카테이즈 치즈와 마찬가지로 신선할 때 사용하는데 딸기류, 액과류와 함께 섞어 내기도 하고 각종 치즈 케이크에 사용하기도 한다.

■ 가드망제(Garde Manger)

가드망제란 중세 프랑스에서 냉장고 대용으로 사용했던 것으로 파리, 벌레 접근을 막기 위해 새장 모양의 찬장으로 지하실 천장에 매달아 두거나 시원한 창가에 두고 사용했던 것인데, 지금은 찬 음식주방(Cold Kitchen)을 뜻한다.

■ 그뤼에르치즈(Gruyere Cheese)

스위스 원산의 숙성 치즈로 후리브르 그뤼에르라는 마을에서 유래되었다. 형태는 지름이 약 15㎝, 두께는 10㎝이나 큰 것은 차바퀴 정도이고 무게는 약 40㎏, 원료는 우유에서 유청을 될 수 있는 한 많이 내보내기 위하여 응고유를 가열하여 눌러준다. 숙성기간은 6개월 이상이고 그 기간 동안 내부에서 가스가 발생하여 다시 빠진 구멍이 남아 있다. 맛은 성숙기간의 시간에 따라 다르지만 산미가 강하고 뒤에 단맛이 남는 것이 공통적이다. 동일한 형인 메엔다르 치즈보다 유지방분이 많으므로 크림과 같은 성분을 함유하고 있고 가열하면 녹는다. 용도는 에멘탈 치즈와 동일하여 강판에 갈아 파트쉬크레 반죽, 쿠키, 빵반죽, 치즈케이크, 커스터드 크림에 사용한다.

■ 스파게티 푸타네스카(Spaghetti Alla Puttanesca)

나폴리의 명물 요리로서 블랙 올리브, 케이퍼, 마늘을 넣은 토마토소스에 잘게 다진 안초비와 팔마산 치즈를 가미한 최상급 요리이다.

■ 커피(Coffee)

커피는 전서에 따르면 6세기경 에티오피아 고원에 방목하는 산양이 날뛰어서 원인을 살펴보니 커피열매를 먹었음이 밝혀졌다. 그 후 1605년 로마 교황 크레멘트 8세는 커피를 기독교인도 마셔도 된다고 했다. 1652년에 런던에 3,000개 커피숍이 생겼고, 일본엔 1895년에 네덜란드인이 전했으며 우리나라는 고종황제가 을미사변 때 처음으로 커피를 마셨다.

■ 바닷가재 텔미도르(Thermidor)

1890년 파리에 도데와 콘구르라는 형제가 주방에서 일하고 있었다. 이 식당은 자연주의 작가들이 잘 모이는 곳이었는데, 하루는 주인이 바다가재 요리를 가져와 요리이름을 지어달라고 했다. 그 당시 극장에서 혁명정부 해체 쿠데타를 그린 텔미도르라는 연극을 하고 있었는데, 작가는 요리이름을 늙은 바다가재 껍질하고 겨자와 소스를 곁들여 화려하게 색을 낸 바다가재 텔미도르가 좋다고 했다. 그래서 1894년 1월 24일 메르식당에서 오마르드 텔미도르 요리가 탄생했다. 지금은 식당이 없어졌지만 세계 여러 식당에서는 이 메뉴가 꼭 등장한다.

■ 페스카토라(Pescatora)

새우, 모시조개, 오징어, 홍합, 안초비 같은 것에 마늘, 홍고추, 파슬리를 첨가한 요리로서, 삼면이 바다로 둘러싸인 이탈리아 반도 어디서나 즐겨 들 수 있는 이탈리아를 대표하는 최상급 요리이다.

■ 혀 요리(Tongue Cooking)

고대 그리스 우화작가 이솝은 노예의 몸이었다. 어느 날 주인이 '내일 최상의 요리를 내어라' 하고 명령했다. 이솝은 혀 요리를 내었다. 주인은 왜 혀 요리를 내놨느냐고 힐책하니, 교육문화를 창달하고 신을 찬양하기에 최고의 요리라고 말했다. 그 후 주인은 내일 오는 손님에게는 최악의 요리를 내라고 했다. 이솝은 다시 혀 요리를 제공했다. 주인은 이유를 다시 물었다. 이솝은 혀는 신을 찬양도 하지만 매도도하고 싸움, 전쟁을 초래하기도 하기에 최악의 요리라고 대답했다. 아무튼 혀는 고대부터 중요시 됐다.

■ 스파게티 카르보나라(Spaghetti Alla Carbonara)

전시에 이탈리아 비밀결사대 카르보나라 당원들이 즐겨 만들어 먹었다해서 유래된 요리이다. 판체타 또는 베이컨, 달걀, 팔마산 치즈에 신선한 생크림을 졸여서 화이트 와인을 첨가하여 만든 요리로써 그 고소하고 고급스런 맛 때문에 전 세계인들로부터 사랑받는 요리이다.

■ 설로인 스테이크(Sirloin Steak)

영국 찰스 2세(1660~1685)는 비프스테이크를 너무 좋아하는지라, 어느 날 시종에게 "내가 항상 먹는 고기의 부분이 어느 부분이냐"고 묻자, 그 시종은 로인 부분이라고 대답하였으며, 국왕은 "그렇다면 그 로인이라는 고기가 매일 식사 때마다 나를 즐겁게 해주므로 내가 그 공적에 보답하는 것으로 나이트(Knight) 작위를 수여하노라"하여 그 이후부터 설로인(Xirloin)이 되었다.

■ 비프 타르타르 스테이크(Beef Tartar Steak)

1240년 유럽의 북동쪽을 정복 통치한 몽고족은 전쟁 중 쇠고기를 말 엉덩이에 매달고 다녔으며, 오랜 원정으로 그 날고기가 말의 유동으로 인하여 부서지면서 부드럽게 되었다. 그들은 그 고기에다 채소를 집어넣어 날것으로 먹었던 것이 유럽에 전해져, 독일의 함부르크 사람들은 이것을 구워먹어 햄버거스테이크가 되었다는 설도 있다.

■ 파르미쟈노 레쟈노(Parmigiano Reggiano)

이탈리아 원산지인 숙성 치즈로 영어로는 파르마산 치즈이다. 원료는 우유이며 최저 2년 이상의 숙성 기간을 필요로 한다. 그 사이에는 단단해져 그대로 사용하는 것보다 분말로 만들어 이용한다. 우리나라에서도 수입해서 사용하고 있다. 무게는 30kg 이상 되는 것도 있으며, 이것을 분말화 하여 팔고 있는데 입에서 녹는 듯한 감촉이 특징이다. 이탈리아 외에 오스트리아, 미국산이 유명하다. 또 가루로 되어 나온 것이 대부분이며 간혹 단단한 덩어리로 된 것은 강판에 갈아서 쿠키, 버터, 케이크 빵반죽 등에 많이 사용한다.

■ 치킨 마랭고(Chicken Marengo)

이탈리아의 피에몬트에서 있었던 마랭고의 전투에서 부급차량이 전선부대까지 도착하지 못하였기 때문에 배가 고파 부대사병들을 내보내 식량을 구하도록 했는데, 그들은 암탉 한 마리, 달걀 3개, 토마토 4개, 가재 6마리를 구해 마늘과 기름을 약간 섞어 요리한 다음 빵과 브랜디 한 잔을 곁들여 나폴레옹에게 바쳤다. 나폴레옹이 크게 만족하며 전투가 끝난 다음에도 항상 그것을 병사들에게 먹이도록 명령하였으며 지금까지도 당시의 이 요리방법이 그대로 전 세계에 이용된다.

■ 비프 메드록(Beef Madrock)

북유럽 스웨덴의 대표적인 소등심 스테이크로 고기의 담백한 맛과 양파볶음의 달콤한 맛을 곁들여 요리한 별미의 소등심 스테이크이다.

■ 에스타하지(Contrefilet Estahazy)

헝가리의 에스타하지라는 부호의 집안에서 즐겨 먹었다 하여 붙여진 이름으로 양파와 파프리카 향료를 사용하여 만든 헝가리의 대표적인 스테이크 요리이다.

■ 스트로가노프 요리(Stroganoff)

황제가 통치를 하던 19세기 후반의 러시아에서 있었던 일이다. 어느 날 스트로가노프 백작이 만찬회를 베풀었다. 이 백작가의 음식솜씨가 워낙 유명했기 때문에 손님들이 속속 몰려들어 예상했던 것보다 그 수가 많아졌다. "어찌 할까요? 백작님, 준비해 놓은 고기만으로는 너무 부족할 것 같습니다", "할 수 없지, 고기를 잘게 썰어서 숫자를 늘리도록 하라." 이에 고기를 얇게 썰고 마침 옆에 있던 양파와 양송이를 넣어 볶은 후 스파이시로 맛을 낸 사우어 크림에 버무려 손님들에게 냈다. "기가 막힌데요! 백작님, 이게 무슨 요리입니까?" 이 질문에 백작이 "비프 스트로가노프"라고 했다. 오늘날 이 요리는 세계인이 즐기는 요리로 등장하게 되었다.

■ 쉐리와인(Sherry Wine)

쉐리와인은 머리를 맑게 하고 어떤 일이라도 이것을 미시면 해낼 수 있다는 뜻으로 전해진다. 셰익스피어가 특히 좋아하던 술인데, 1453년 영 · 불 100년 전쟁이 끝나고 보르도 지방을 프랑스에게 뺏긴 영국은 스페인에서 술을 구해 먹게 되었는데, 이 술은 도시이름으로 헤레스가 세리스로 다시 쉐리로 변했다 한다. 알코올 농도가 높은 것으로, 유럽에서는 남자가 여자에게 받으면 이제부터 당신과 사귀겠다는 사인이 된다고 한다.

■ 참치(Tuna)

참치는 '참으로 맛있고 진짜 멋있게 생긴 물고기' 라는 뜻이다. 바닷고기 중에서 가장 담백하고 감칠맛 나기로 소문난 참치는 고단백, 저칼로리, 저지방이며 각종 무기질류가 골고루 들어 있어 어린이의 성장발육 및 여성의 미용은 물론 성인병을 예방하는 완전 무공해 천연식품이다.

■ 돼지고기(Pork)

중국인들이 돼지고기가 훌륭한 요리가 될 수 있다는 것을 발견한 것은 4만년 전 일이었는데, 그 이전에 돼지고기는 식용으로는 부적당한 것으로 여겼다. 그 발견 유래에 관한 이야기는 다음과 같다. 한 어린소년이 짚으로 된 돼지우리를 실수로 태워 돼지가 산채로 구워졌다. 재가 연기를 뿜고 있을 때 소년은 돼지를 건드려 손가락을 데었고, 본능적으로 손가락을 입으로 가져가 빨다가 돼지고기의 맛이 좋다는 것을 알게 되었다. 소년이 돼지고기를 먹고 있을 때 화가 난 소년의 아버지가 와서 그를 때리려 했고, 소년은 돼지고기를 먹어보라고 했다. 이후 돼지우리는 곳곳에서 불탔으며 황제에게까지 그것이 전해져 마침내 돼지고기는 국가적인 음식이 되었다.

■ 짐 브래디 커트(Jim Brady Cut)

미국의 대식가 중 대표적인 사람은 다이아몬드 짐 브레디였다. 조반으로 그는 오렌지주스 1캘론, 달걀, 옥수수빵, 머핀, 핫케이크, 프라이드 포테이토, 비프스테이크, 돼지고기 등을 먹었다. 오전 11시 30분에 한두 다스의 굴과 조개를, 12시 30분엔 점심을 먹었는데, 점심은 굴, 조개, 게 2~3마리, 바다가재, 로스트비프, 샐러드, 몇 가지 파이와 오렌지주스 등이었다. 오후엔 차와 여러 가지 군것질을 하며,

저녁식사로는 2~3다스의 굴, 게 6마리, 거북이수프 2그릇, 바다가재 6~7마리, 오리 2마리, 자라 두 쪽, 스테이크와 채소 및 후식을 먹었다. 디저트는 밀가루로 만든 모든 종류의 파이와 페스트리이며 그 뒤에 캔디 한 상자를 먹었다. 그래서 우리가 알다시피 소갈비를 다이아몬드 짐 브레디 커트라 부르게 된 것이다.

■ 햄버거(Ham Burger)

햄버거의 탄생지는 미국 샌트루이스이며, 때는 1904년에 센트루이스에서 개최되었던 세계박람회가 계기가 되었다. 이때에 박람회장 내의 식당에서 근무한 어느 조리사가 너무나 바빠 일손이 적게 드는 간단한 요리를 만들어 팔기 시작하였다. 그것이 번즈(Buns)라고 불리우는 둥근 빵에다가 햄버거패티를 샌드한 간단한 것으로서, 즉 이것이 바로 햄버거 빵의 등장이 되었다. 포크나 접시도 필요치 않고 듬뿍 담은 고기와 맛좋은 빵을 뜨거울 때 같이 먹을 수 있는 편리함과 부피감이 그 인기를 불러일으켜 삽시간에 전 미국에 햄버거라는 이름이 붙게 되고 이 요리가 널리 퍼지게 되었다. 옛날 프랑스 귀족은 접시 대신으로 얇게 썰은 빵 위에 요리를 올려놓고 식사를 했다. 그리고 요리를 다 먹은 후에는 마지막으로 접시 대신으로 사용하던 빵을 먹었던 것이다. 햄버거의 이름을 부르기는 미국에서였지만 그 이름의 진원지는 독일의 함부르크였다. 19세기 초에 독일인이 이민 갈 때 같이 미국에 건너간 스테이크가 햄버거로 불리우게 되었으며, 지금은 햄버거가 가장 미국적이고 대중적인 음식물로 되었다.

■ 포테이토칩(Potatoes Chip)

플로리다 주(州) 사라토가 수프링의 한 요리사가 프렌치 프라이드 포테이토가 너무 굵다고 불평하는 손님을 놀려주다가 감자를 얇게 썰어 포테이토칩을 만들어 냈다. 처음에 포테이토칩은 사라토가칩이라 불리어졌으며 1969년 포테이토칩 소비량은 매 사람당 10파운드였다.

■ 디저트(Dessert)

타르트 타르틴(Tare Tatin)은 타탕이란 자매가 애플파이를 구워 꺼내다가 뒤집혀졌다. 표면을 보니 캐러멜이 향이 좋고 맛이 있어 그 후부터는 처음부터 뒤집어 구어 타르트 타르탕이라고 불리게 되었다.

■ 감자 수프레(Potatoes Souffle Soup)

19세기 중엽 파리 시내에 유명한 장군이 지나갔다. 주방에서 일하던 요리사가 구경하고 싶어 감자를 얇게 썰어 기름에 튀기다가 중단하고 밖으로 나갔다. 얼마 후 돌아와서 기름을 다시 달구어 감자를 다시 튀기니 부풀어 풍선같이 되었다. 이렇게 두 번 튀겨내어 감자 수프레가 탄생되었다. 감자는 1500년경에 남미에서 전래되었는데, 검은 흙속에서 자라기 때문에 처음에는 악마의 식물이라고 하여 먹기를 꺼려했다고 한다. 그 후 루이 16세(1754~1793) 때 파르만디에라는 학자가 국왕의 밭에 감자를 심게 한 다음 '훔친 자는 엄벌에 처한다' 라는 팻말을 붙이고서 보초병을 세웠다. 그러나 감자가 몰래 빠져나가 그 후로 감자 보급이 급속도로 전파되었다고 한다.

■ 치즈 퐁듀(Fondue)

19세기 초 스위스 사냥꾼들이 마른 빵과 치즈를 휴대하고 다녔다. 밤에 추워지면 텐트 옆에서 치즈를 녹이고 마른 빵을 꼬챙이에 끼워 치즈를 적셔 먹던 것이 시초이다. 퐁뒤는 불어로 '녹이다' 라는 뜻이다. 에멘타르 치즈에 백포도주를 넣어 끓여 여럿이 둘러 앉아 퐁 뒤 게임을 하면서 먹는 것인데, 벌칙은 꼬챙이 빵이 치즈에 떨어지면 그날 전원에게 포도주를 대접하는 것이다.

■ 튀김(Fried)

일본말로 튀김은 템뿌라라고 한다. 원래 템뿌라는 포르투갈어로 강낭콩에 가루를 묻혀 달걀에 넣었다가 기름에 튀긴 요리라고 한다는 데서 전해진다고 한다. 일본 사전에는 포르투갈 말로 '조리' 라는 말로 설명되고, 스페인어로는 '사원' 이란 뜻도 있으며, 이탈리아어로는 '덴베라' 라고 한다. 튀김은 속의 재료를 연하게 하는 조리법이다.

■ 아이스크림 썬대(Icecream Sundae)

19C말 청교도적 색채가 짙었던 일리노이주의 에반스턴마을 안식일(일요일)에 아이스크림이 든 소다수의 판매가 금지되었다. 그러나 아이스크림 대신에 시럽을 사용함으로써 교묘하게 그 금지령을 피한 과자가게들이 더러 있었다. 그 뒤 이 달콤한 음료는 선데이라는 이름으로 알려졌으나 독실한 신자들의 비난을 피하기 위해 발음은 같지만 끝의 글자는 다르게 선데이(Sunday)를 썬대(Sundae)로 고쳤다.

■ 샤베트(Sherbet)

옛날 알렉산더 대왕이 페르시아를 공격하고 있을 때 더위로 병사들이 일사병으로 쓰러지고 있었다. 그 때 왕은 산에 가서 만년설을 가져오게 했다. 그리고 과일즙을 섞어 마시게 했다. 샤베트는 1550년경 포도주나 주스를 담은 그릇을 눈이나 얼음 속에 넣어(초석을 섞어) 저어주면서 얼려 먹었다. 아이스크림은 18세기말 주스 대신 생크림을 이용하여 공기와 크림을 1:1의 비율로 지금의 아이스크림의 원조가 된 것이다.

■ 피치멜바(Peach Melba)

프랑스 요리장 오리스뜨 메스코피에는 오스트리아 출신의 유명한 소프라노 가수 넬리멜바의 열렬한 팬이었으나 너무 수줍음이 많았기 때문에 그 여자가수에게 꽃을 보내지 못하였다. 그러나 20세기 초 어느 날 멜바가 런던의 사보이 호텔에서 혼자 식사를 하고 있을 때 에스코피에는 특별히 만든 디저트를 멜바에게 제공, 멜바는 이 음식이 마음에 들어 그 디저트의 이름을 물어보니 "에스코피에는 피치멜바라고 불러주면 영광이겠소"라고 대답하였다. 그의 아이디어는 런던에서 크게 인기를 얻었고, 이윽고 세계적인 디저트가 되었다. 또 다른 유래는 바닐라 아이스크림을 주문하였으나 마침 주방에 아이스크림이 거의 떨어져 아이스크림의 양이 부족하였기 때문에 아이스크림에 복숭아(Canned)를 집어넣고 딸기를 퓌레로 장식하여 갖다 주었더니 너무나 맛있게 먹었다. 차후부터는 그것만을 찾기에 '피치 벨바' 라는 디저트가 생기게 되었다.

■ 크레이프 수제트(Crepê Suzette)

이 말은 옛날 영국의 황태자 에드워드가 크레이프 수제트라고 이름지었다. 에드워드의 요리장이 어느날 황태자의 식사를 준비하던 중 크레이프의 소스를 만들 때 실수로 인하여 Liqueur(과일로 만든 단 술)를 엎질렀는데, 소스에 불이 붙음과 동시에 음식을 버리게 되었다. 헨리는 시간도 없고 하여 그냥 그 소스에 크레이프를 집어넣어 황태자에게 제공하였더니 너무 맛이 진기한지라 에드워드 황태자는 그날의 파티에 동석한 수제트 부인의 마음을 사려고 그 부인의 이름을 따서 크레이프 수제트라는 디저트를 명명하였다. 또 다른 말은 파리의 코메디 프랑세즈에서 크레이프를 먹는 단역을 열연하고 있던 수제트 양을 위해 팬의 한사람이었던 조리사가 특제 크레이프를 만들어 매일 무대에 제공했다 한다. 나중에 유명한 역을 맡게 된 수제트는 그 조리사에게 답례로 자기 이름을 붙여 크레이프 수제트라고 했다.

■ 콩피(Cofit)

콩피(Cofit)는 원래 아편의 일종인데, 어느 날 파티에서 이것을 꺼내 먹던 사람이 주위사람들에게 들켜 얼떨결에 "이것은 과자인데요" 라고 한 다음, 이것을 여러 사람이 맛보았다. 맛이 너무 있어 인기가 있게 되었다는 이야기와, 로마시대 파티에서 한 여성이 자기 애인을 찾았는데 잘 몰라봐 화가 나서 갖고 있던 콩피를 애인한테 던졌는데 이것이 유행이 되었다 한다.

■ 바닐라(Vanilla)

바닐라는 중미가 원산지인 난초형 식물이다. 마다가스 카르의 바닐라 콩을 끓는 물에 푹 담가 서서히 건조시켜 가공한다. 원래 색은 검정색이며 버본(Bourbon)

바닐라가 유명하고 바닐라 농축액을 바닐린으로 불리는 합성물질 복합체이다.

■ 누가(Nougat)

누가는 옛날 중앙아시아나 중국의 오지 어느 곳에 해당하는 지방에서 아몬드가 기초로 되어 만들어지게 되었다. 프랑스에서는 불고뉴 후작이 스페인에서 돌아와 시민으로부터 기증받았다고 하는 설과, 누가 자체에 대해서는 너무 맛이 좋아 "우리들을 망치게 한다"는 뜻의 프랑스 말인 일 누 가트(Il Nous Gate)가 줄어서 누가(Nougat)가 되었다고 한다.

■ 맥주(Beer)

맥주의 역사는 고대 오리엔트시대(약 6000~7000년)에 농경생활을 시작한 슈메르인들이 보리에 수분을 더해 발아시켜 맥아빵을 만들었다. 당분이 많은 맥아빵을 부수어 물과 섞으면 발효한 고대 맥주가 된다. 이렇게 태어난 맥주는 736년 게르만인과 싸우다 포로가 된 프랑스 병사가 남부 독일에서 호프 재배법을 전해 지금의 맥주가 만들어졌다. 일본은 1724년 네덜란드 상인에 의해 전해졌다.

■ 비스킷(Biscuit)

프랑스에서는 비스킷을 두 번 굽는다는 뜻으로 해석하여 비스퀴(Biscuit)라 부르고, 독일에서는 거품형인 스펀지케이크 계통을 말한다. 영어의 쿠키는 폴란드어의 코어키에(Koekje), 즉 작은 과자라는 말에서 유래되었다는 설이 있으며, 비스킷은 프랑스의 비스퀴에서 전래되었다고 한다. 19세기 초 나폴레옹 시대에 프랑스와 스페인 사이에 있는 비스케라는 항구에 영국 배가 풍랑을 만나 이곳에 긴급 정박하게 되었다. 그런데 식량이 떨어져 남은 재료를 물에 반죽하여 잘게 떼어내 철판에 구워먹었다는 설에서 오늘날의 비스킷이 되었다고 한다. 또한 프랑스말 중에 비스코트(Biscott)라는 말이 있는데, 이 비스코드와 비스퀴가 같은 의미라고 생각되지만 전문가들에 의하면 비스코트는 식사용을 가리킨다.

■ 아이스크림(Ice Cream)

더운 지방에서 또는 더운 계절에 찬 음식을 먹고 싶어하는 욕구는 예나 지금이나 마찬가지이다. 그리하여 고대의 왕족들은 높은 산의 흰 눈과 얼음을 가져오게 하여 먹었다는 기록이 있고, 로마시대에는 이것들에 알코올이나 과즙을 섞어 먹었다고 한다. 지금과 같은 아이스크림은 1550년 이탈리아에서 처음으로 만들어졌으며, 그 후 프랑스와 영국에 전해졌고, 미국에는 200년 전에 전해졌다. 또 1867년에 독일에서 제빙기가 발명된 후로 냉동기술이 점차 발달하면서 냉과는 더욱 다양하게 발전하여 오늘에 이르렀다. 한편 일본의 아이스크림 역사는 80~90년 정도이며, 우리나라는 1950년대에 미군부대의 아이스크림 기계가 제과점에 전해지면서 아이스크림의 생산이 본격적으로 이루어졌다.

■ 페유타지(Feuilletage)

불어로 나뭇잎이라는 뜻인데, 기원은 1600년대까지 거슬러 올라간다. 영국을 중심으로 프랑스, 독일 등에서 처음 만들어 먹었던 이것은 소백분에 유지를 섞어 반죽한 것에 육류, 어패류, 과실류, 채소류들을 싸서 구워 거의 주식처럼 애용되었다가 점차 과자류로 되었다고 한다. 그리고 이것이 현대 과자의 기초가 되었다고 하는데, 독일어로는 브래터 타이거(Blatter Teig), 프랑스어로는 파트 페유타지(Jpate Feuilletage)라고 부른다.

■ 베이크드 알라스카(Baked Alaska)

Omelette a la Norvegienne의 발명은 미국 태생의 물리학자 벤자민 톰슨(Benhanim Thompson)의 덕택이라고 할 수 있다. 그러나 1866의 저술에서 바론 브리스(Baron Bti33)는 프랑스의 주방장이 중국의 사절단과 함께 파리에 왔던 한 중국인 요리사로부터 냉동상태로 오븐에 굽는 비법을 전수받았다고 기술하고 있다.

Basic Western

Cooking 제8장

기본조리 전문용어

기본조리 전문용어

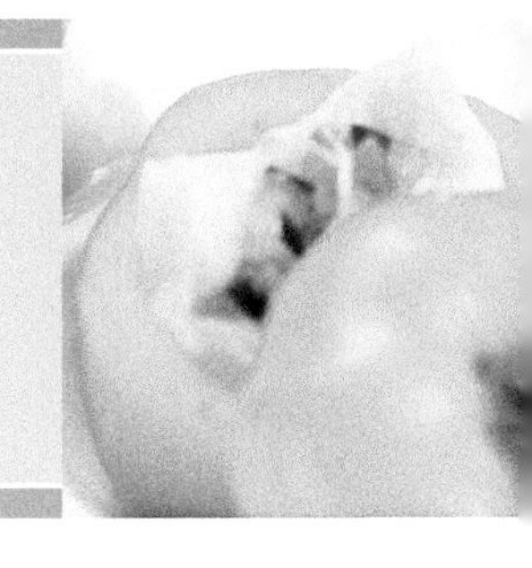

조리 용어	내 용
Barder (바르데)	비계살로 육류나 기타 재료에 사는 것 지방분을 보충시켜서 맛을 배가시키는 것
Bouquet Garni (부케가르니)	타임, 월계수잎, 파슬리 줄기를 셀러리에 묶어서 만든 향신료
Brider (브리데)	가금이나 야조의 몸, 발, 날개 또는 육류나 생선의 형태를 보존하기 위해 실과 바늘을 꿰매는 과정
Ciseler (씨즐레)	생선 등의 종류에 불이 고루 가게 칼집을 넣는 것
Clarifier (클라리피에)	액체를 맑게 하는 것과 잡것을 제거하는 것 콘소메 정제과정 및 버터를 녹여서 거품이나 가라앉은 침전물을 제거하는 것
Sauter (소테)	야채류나 고기, 생선류 등을 볶는 것
Debrider (데브리데)	가금이나 야조 또는 육류 등의 형태를 유지하기 위해 묶은 실을 제거하는 것
Deglacer (데글라세)	생선류나 가금류, 육류 등을 볶거나 굽거나 한 후에 냄비에 붙어있는 즙을 포도주나 코냑 등을 쳐서 소스가 얻어지는 과정 또는 다시 녹이는 과정
Degorger (데고흐제)	생선류나 육류의 피나 잡냄새를 없애기 위해서 유수에 담가두는 것이나 찔러서 피를 나오게 하는 것 야채류는 소금을 뿌려서 수분을 제거하는 것

조리 용어	내 용
Degraisser (데그레세)	소스나 수프 등에 기름을 제거하는 것 고기 등의 기름을 제거하는 것
Escaloper (에스까로떼)	생선, 고기나 그 밖의 것을 비스듬하게 얇은 조각으로 써는 것
Larder (라르데)	작은 bacon 조각을 고기 사이에 꽂는 것
Mirepoix (미르프와)	소스의 기본 구실을 하는 네모나게 썬 양파, 셀러리, 당근
Etuver (에뛰베)	뚜껑을 덮고 천천히 찌는 것
Flamber (플랑베)	육류나 생선 가금 등에 냄새를 제거하거나 본 재료 소스를 만들 때 맛을 배가시키는 것 볶는 순간에 코냑이나 기타 술로 부어서 불을 붙이는 것
Glacer (글라세)	살라만더나 오븐에 넣어서 요리의 색깔을 나게 하는 것 또는 윤택이 나게 하는 것
Griller (그리에)	탄불이나 가스, 전기 등 불 위에 석쇠를 넣고 굽는 과정
Lier (리에)	소스나 뽀따쥐에 소맥분이나 전분 황란 등을 가하여 농도를 내는 것
Poacher (뽀셰)	끓는 물에 삶아내는 것
Reduire (레디위르)	소스나 주스를 졸이기 위하여 농도를 내기 위한 것
Aspic (아스픽)	육류나 생선류 등 즙을 정제하고 젤라틴을 혼합하여 요리의 맛을 배가시키고 광택이 나고 마르지 않게 하는 것. 붓으로 사용하여 칠하는 것
Chaud-froid (쇼프로와)	마요네즈에 젤라틴을 섞어 요리 위에 옷을 입히는 것, 찬요리에 사용
Court-bouillon (쿠르부용)	주로 생선에 많이 사용 식초에 백포도주 향신료 야채류 등을 섞어서 만든 국물
Concasser (꽁까쎄)	아주 잘게 써는 것
Depouiller (데뿌이에)	이따금 뜬 기품을 걷이니고 지방기를 제거하면서 오랫동안 익히는 것
Mariner (마리네)	향기를 부드럽게 하고 향을 더 나게 하기 위해 액체 속에 담가 놓는 것

조리 용어	내 용
Napper (나뻬)	뜨겁거나 차가운 요리에 소스나 젤리를 덮는 것
Paner (빠네)	프라이 하거나 튀기기 전에 빵가루를 입히는 것
Piquer (삐께)	고기나 닭고기를 굵은 julienne 모양의 베이컨, 돼지기름, 햄, 송로버섯 등으로 고기 안에 꽂아 놓는 것
Singer (쎈줘)	밀가루를 뿌려 볶는 것(농도를 내기 위함)
Meuniere (무뉘에르)	밀가루에 생선을 묻혀 버터로 구워낸 것
Brochette (브로세트)	식재료를 쇠꼬챙이에 꿰어서 굽는 것
Frying (프라이)	기름에 넣어 튀김하는 법
Microwave Cooking (마이크로웨이브 쿡킹)	전자파를 이용하여 빠른 시간 내에 조리하는 방법
Stewing (스튜잉)	뚜껑이 있는 그릇에다 물을 서서히 끓이면서 장시간 끓이는 방법
Sauting (쇼텡)	얇은 stew pan이나 프라이 펜에 버터를 녹여서 센불로 굽는 방법
Double boiling (더블 보일러)	재료를 그릇에 담고 중탕하여 뜨거운 물에 간접 열로 익혀 조리하는 방법
Gratinating (그라티테이팅)	살라만더나 boiler를 이용하여 낮은 온도에서 요리 표면에 껍질이 생기도록 조리하는 방법
Poeler (쁘왈레)	팬 속에 재료를 넣고 뚜껑을 덮은 상태로 오븐 속에서 조리하는 방법
Blanching (브랜칭)	적은 양의 재료를 끓인 물에 집어 넣어 재빨리 조리하는 방법
Decanter (데깡떼)	(삶아 익힌 고기 등을)마지막 마무리를 위해 건져 놓는다.
Delayer (데레이예)	(진한 소스에)물, 우유, 와인 등 액체를 넣는다.
Depouiler (데뿌이예)	장기간 천천히 끓일 때 소스의 표면에 떠오르는 거품을 완전히 걷어내는 것 토끼나 야수의 껍질을 벗기는 것
Dorer (도레)	파테 위에 잘 저은 달걀노른자를 솔로 발라서 구울 때에 색이 잘 나도록 하는 것 금색이 나게 하다.

조리 용어	내 용
Dresser (드레세)	접시에 요리를 담는다.
Desosser (데조세)	(소, 돼지, 닭, 야조 등의)뼈를 발라낸다. 뼈를 제거해 조리하기 쉽게 만든 간단한 상태를 말함
Dessecher (데세쉐)	건조시키다, 말리다. 냄비를 센불에 달궈 재료에 남아있는 수분을 증발시키는 것
Ebarberr (에바르베)	가위나 칼로 생선의 지느러미를 잘라서 떼는 것 조리 후 생선의 잔가시를 제거하고 조개껍질이나 잡물을 제거하는 것
Ecumer (에뀌메)	거품을 걷어낸다.
Dffiler (에필레)	종이 모양으로 얇게 썰다. (아몬드, 피스타치오 등을)작은 칼로 얇게 썰다.
Dgoutter (에구)	물기를 제거하다. 물로 씻은 야채나 브랑쉬루 한 재료의 물기를 제거하기 위해 짜거나 걸러 주는 것
Emonder (에몽데)	토마토, 복숭아, 아몬드, 호두의 얇은 껍질을 벗길 때 끓는 물에 몇 초만 담갔다가 건져 껍질을 벗기는 것
Ecailler (에까이예)	생선의 비늘을 벗기는 것
Ecaler (에카레)	삶은 달걀 혹은 반숙달걀의 껍질을 벗긴다.
Enrober (앙로베)	싸다. 옷을 입히다. 재료를 파이지로 싸다. 옷을 입히다. 초콜릿, 젤라틴 등을 입히다.
Eponger (에뽕제)	물기를 닦다. 흡수하다. 씻거나 뜨거운 물로 데친 재료를 마른 행주로 닦아 수분을 제거
Evider (에비데)	파내다. 도려내다. 과일이나 야채의 속을 파내다.
Exprimer (엑스쁘리메)	짜내다. 레몬, 오렌지의 즙을 짜다. 토마토의 씨를 제거하기 위해 짜다.
Farcir (파르시스)	속에 채울 재료를 만들다. 고기, 생선, 야채의 속에 채울 재료에 퓨레 등의 준비된 재료를 넣어 채우다.
Ficeler (피스레)	끈으로 묶다. 로스트나 익힐 재료가 조리 중에 모양이 흐트러지지 않게 실로 묶는 것
Foncer (퐁세)	냄비의 바닥에 야채를 깔다. 여러 가지 형태의 용기 바닥이나 벽면에 파이의 생지를 깔다.

조리 용어	내 용
Fondre (퐁드르)	녹이다. 용해하다. 야채를 기름과 재료의 수분으로 색깔이 나지 않도록 약한 불에 천천히 볶는 것을 말한다.
Fouetter (후웨테)	치다. 때리다. 달걀흰자, 생크림을 거품기로 강하게 치다.
Frapper (프라뻬)	술이나 생크림을 얼음물에 담가 빨리 차게 한다.
Fremir (프레미르)	액체가 끓기 직전 표면에 재료가 떠오르는 때의 온도로 조용하게 끓인다.
Frotter (프로떼)	문지르다. 비비다. 마늘을 용기에 문질러 마늘 향이 나게 하다.
Habiller (아비에)	조리 전에 생선의 지느러미, 비늘, 내장을 꺼내고 씻어 놓는 것
Incorporer (앵코르뽀레)	합체(합병)하다. 합치다. 밀가루에 달걀을 혼합하다.
Lever (르베)	일으키다. 발효시키다. 혀 넙치 살을 뜰 때 위쪽을 조금 들어 올려서 뜨다. 파이지나 생지가 발효되어 부풀어 오른 것을 말한다.
Limoner (리모네)	더러운 것을 씻어 흘려 보내다. (생선머리, 뼈 등에 피를)제거하기 위해 흐르는 물에 담그는 것 민물이나 장어 등의 표면의 미끈미끈한 액체를 제거한다.
Lustrer (뤼스뜨레)	광택을 내다. 윤기를 내다. 조리가 다 된 상태의 재료에 맑은 버터를 발라 표면에 윤을 낸다.
Manier (마니에)	가공하다. 사용하다. 버터와 밀가루가 완전히 섞이게 손으로 이기다. 수프나 소스의 농도를 맞추기 위한 재료
Masquer (마스퀘)	가면을 씌우다. 숨기다. 소스 등으로 음식을 덮는 것 불에 굽기 전에 요리에 필요한 재료를 냄비에 넣는 것
Mijoter (미조떼)	약한 불로 천천히 조용히 오래 끓인다.
Mortifier (모르띠피에)	고기를 연하게 하다. 고기 등을 연하게 하기 위해 시원한 고에 수일간 그대로 두는 것
Mouiller (무이예)	적시다. 축이다, 액체를 가하다. (조리 중에)물, 우유, 즙, 와인 등의 액체를 가하는 것
Mouler (무레)	틀에 넣다. 각종 준비된 재료들을 틀에 넣고 준비한다.

조리 용어	내 용
Paner 'a l' Anglaise (빠네아랑그레즈)	(고기나 생선 등에)밀가루 칠을 한 후 소금, 후추를 넣은 달걀 물을 입히고 빵가루를 칠하는 것
Parsemer (빠르서메)	재료의 표면에 체에 거른 치즈와 빵가루를 뿌린다.
Passer (빠쎄)	걸러지다. 여과되다. 고기, 생선, 야채, 치즈, 소스, 수프 등을 체나 기계류, 여과기, 쉬누와 소창을 사용하여 거르는 것
Petrir (페트리어)	반죽하다. 이기다.
Pincer (핀세르)	세게 동여매다. 요점을 뽑아내다. 새우, 게 등 갑각류의 껍질을 빨간색으로 만들기 위해 볶다. 고기를 강한 불로 볶아서 표면을 단단히 동여매다. 파이껍질의 가장자리를 파이용 집게로 찍어서 조그만 장식을 하는 것
Presser (쁘레쎄)	누르다. 짜다. (오렌지, 레몬 등의) 과즙을 짜다.
Rafraichir (라프레쉬르)	냉각시키다. 흐르는 물에 빨리 식히다.
Raidir (레디르)	(모양을 그대로 유지시키기 위해)고기나 재료에 끓고 타는 듯한 기름을 빨리 부어 고기를 뻣뻣하게 하다. 표면을 단단하게 한다.
Reduire (레뒤이르)	축소하다. (소스나 즙을 농축시키기 위해)끓여서 졸인다.
Relever (러르베)	높이다. 올리다. 향을 진하게 해서 맛을 강하게 하는 것
Revenir (러브니르)	(찌고 익히기 전에)강하고 뜨거운 기름으로 재료를 볶아 표면을 두껍게 만든다.
Rissolersaisir (리소레)	센불로 색깔을 내다. 뜨거운 열이 나는 기름으로 재료를 색깔이 나게 볶고 표면을 두껍게 만든다.
Saisir (세지르)	강한 불에 볶다. 재료의 표면을 단단하게 구워 색깔을 내다.
Saler (사레)	소금을 넣다. 소금을 뿌리다.
Saupoudrer (소뿌드레)	뿌리다. 치다. 빵가루, 첼 걸른 치즈, 슈가파우더 등을 요리나 과자에 뿌리다. 요리의 농도를 위해 밀가루를 뿌리다.

조리 용어	내 용
Singer (생제)	오래 끓이는 요리의 도중에 농도를 맞추기 위해 밀가루를 뿌려주는 것
Sucrer (쉬끄레)	설탕을 뿌리다. 설탕을 넣다.
Suer (쉬에)	즙이 나오게 한다. 재료의 즙이 나오도록 냄비에 뚜껑을 덮고 약한 불에서 색깔이 나지 않게 볶는 것
Tailler (따이예)	재료를 모양이 일치하게 자른다.
Tamiser (따미제)	체로 치다. 여과하다. 체를 사용하여 가루를 치다.
Tamponner (땅뽀네)	마개를 막다. 버터의 작은 조각을 놓다. 소스의 표면에 막이 넓게 생기지 않도록 따뜻한 버터 조각을 놓아주는 것을 말한다.
Tapisser (따삐쎄)	넓히다. 돼지비계나 파이지를 넓히는 것
Tomber (똥베)	떨어지다. 볶는다. 연해지게 볶는다.
Tomber 'a beurre (똥베아뵈르)	(수분을 넣고)재료를 연하게 하기 위해 약한 불에서 버터로 볶는다.
Tremper (트랑뻬)	담그다. 적시다. 잠그다. (건조된 콩을)물에 불리다.
Trosser (트루세)	고정시키다. 모양을 다듬다. 요리 중에 모양이 부스러지지 않도록 가금의 몸에 칼집을 넣어 주고 다리나 날개 끝을 가위로 잘라 준 후 실로 묶어 고정시키는 것 새우나 가재를 장식으로 사용하기 전에 꼬리에 가까우 부분을 가위로 잘라 모양을 낸다.
Vider (비데)	닭이나 생선의 내장을 뽑다.
Zester (제스떼)	오렌지나 레몬의 껍질을 사용하기 위해 껍질을 벗기다.
Ajouter (아주떼)	더하다. 첨가하다.
Abaisser (아베세)	파이지를 만들 때 반죽을 방망이로 밀어주는 것

조리 용어	내 용
Appareil (아빠래이)	요리시 필요한 여러 가지 재료를 밑장만하여 혼합한 것
Arroser (아로제)	볶거나 구워서 색을 잘 낸 후 그것을 찌거나 익힐 때 재료가 마르지 않도록 구운 즙이나 기름을 표면에 끼얹어 주는 것
Assaisonnement (아세조느망)	요리에 소금, 후추를 넣는 것
Assaisonner (아세조네)	소금, 후추, 그 외 향신료를 넣어 요리의 맛과 풍미를 더해 주는 것
Barde (바르드)	얇게 저민 돼지비계
Barder (바르데)	돼지비계나 기름으로 싸다. 로스트용의 고기와 생선을 얇게 저민 돼지비계로 싸서 조리중에 마르는 것을 방지한다.
Battre (바뜨르)	때리다. 치다. 두드리다. 달걀흰자를 거품기로 쳐서 올리다.
Beurrer (뵈래)	소스와 수프를 통에 담아 둘 때 표면이 마르지 않게 버터를 뿌린다. 버터라이스를 만들 때 기름종이에 버터를 발라 덮어준다. 냄비에 버터를 발라 생선과 야채를 요리하는 방법
Blanc (브랑)	1ℓ의 물에 한스푼의 밀가루를 풀고 레몬주스 및 6~8g의 소금을 넣은 액체를 말한다. 아티촉, 우엉, 셀러리 뿌리 등의 야채 및 송아지의 발과 머리, 목살을 삶는데 사용한다.

▣ 전채 조리 용어

조리 용어	내 용
Saumon Fume (소몽 휴메)	훈제한 연어
Canape (까나페)	한 입에 먹을 수 있는 구운 빵조각 위에 여러 종류의 재료를 사용하여 만든 안주
Hors-d'oeuvres (오되브르)	식사 순서에서 제인 먼저 제공되는 식욕촉진을 돋구어 주는 소품요리
Caviar (까비아르)	철갑상어 알

조리 용어	내 용
Foie Gras (포아그라)	거위의 간
Huitres (위뜨르)	굴
Finnan Haddie (피난아디)	훈제한 대구
Froid (프로와)	차가운 것
Formage (프로마쥐)	치즈
Garde Manger (가흐드망제)	육류나 생선류 등을 조리하기 위하여 준비하는 주방의 일부 부서
Garniture (가르니뛰르)	프랑스식으로 데코레이션 하는 것
Gerkins (거킨)	절인 오이
Langouste (랑구스트)	바다가재
Truffes (트뤼프)	검은 버섯
Appetit (아페티)	식욕촉진제
Friandise (프리앙디즈)	맛있는 음식을 즐김, 식도락

▣ 수프 조리 용어

조리 용어	내 용
Potage Clair (뽀따지 크리어)	맑은 수프
Potage Lie (뽀따지 리에)	roux나 veloute(밀가루와 버터를 1:1로 볶은 것)를 사용하여 걸쭉하게 농도를 맞춘 수프
Potage Puree (뽀따지 퓨레)	당근, 감자, 강낭콩, 시금치와 같은 야채를 볶고 갈아서 걸쭉하게 만든 수프

조리 용어	내 용
Fond Blanc (폰 블랑)	쇠고기, 소뼈, 닭고기, 야채를 사용하여 맑은 부이용을 만든다. 한국의 호텔에서는 주로 수프, 소스의 기본에 사용한다.
Fond Brun (폰 블런)	쇠고기, 소뼈와 야채를 갈색으로 타지 않게 잘 볶아 수돗물을 붓고 끓인다. 주로 소스의 기본이다.
Fond de Volaille (폰 볼라쥬)	닭고기나 닭뼈와 야채를 넣고 물을 붓고 끓여서 맑게 만든 육수이다. 주로 수프에 많이 사용되는 육수이다.
Fumet de Poisson (퓨메드 뽀이숑)	흰생선과 뼈, 양과 셀러리를 잘 볶아서 백포도주를 넣어 줄이고 찬물을 부어 끓여 걸러서 사용한다. 생선수프나 생선소스의 기본이 된다.
Consomme Brunoise (콘소메 브르노와)	야채를 주사위 모양으로 잘라 콘소메에 띄운 것
Consomme Celestine (콘소메 셀레스틴)	crepe를 구워 좁게 잘라 콘소메에 띄운 것
Consomme Julienne (콘소메 쥴리앙)	야채를 가늘게 썰어 콘소메에 띄운 것
Consomme Paysanne (콘소메 뻬이잔느)	야채를 은행잎 모양으로 잘라 띄운 것
Consomme Printanier (콘소메 쁘레딴제)	여섯 가지 이상의 야채를 작은 주사위 모양으로 잘라 띄운 것
Consomme a la royle (콘소메 로얄)	달걀을 마름모꼴로 썰어 띄운 것
Potage puree (뽀띠지 퓨레)	각종의 야채를 익혀 걸러내고 진하게 만든 수프
Potage creme (뽀띠지 크리머)	밀가루와 버터를 볶다가 우유나 크림을 넣어 만든 수프
Potage veloute (뽀띠지 벨로우테)	화이트 루를 기본으로 하여 여러 종류의 stock을 넣어 만든 수프
Chowder (차우더)	조개, 새우, 게, 생선류를 끓여 크래커를 곁들여 내는 수프
Chicken Gumbo (치킨 깜보)	닭과 야채를 쌀 그리고 보리를 육수에 넣어 끓인 수프
Moch turtle (모의 터틀)	지리 수프
Mulligatawny (멜게토니)	닭, 크림, 수프에 카레를 넣어 끓인 수프

조리 용어	내 용
Minestrone (미네스트롱)	이탈리아의 대표적인 수프로서 각종 야채와 베이컨을 넣고 끓이는 수프
Borsch (브로치)	쇠고기와 야채로 만든 수프
Bisque (비스큐)	새우, 게, 가재, 닭 등을 끓여 만든 수프
Onion gratin (어니언 그라탕)	양파를 볶아 육수를 붓고 치즈를 곁들여 내는 수프

▣ Roux

조리 용어	내 용
Roux blanc (루 블랑)	밀가루와 버터를 대략 1:1 비율로 하여 불 조정을 잘하여 갈색이 되지 않도록 잘 볶는다. 주로 soupe에 많이 사용한다.
Roux blond (루 브론드)	백색 루보다 조금 더 볶아 사용한다. 약한 차색이다.
Roux brun (루 블런)	차복색의 루로써 타지 않도록 주의해야 하며 주로 소스 만드는 데 많이 사용한다.

▣ 샐러드 조리 용어

조리 용어	내 용
Andalouse (앙달루즈)	1/4로 썬 토마토, 줄리안으로 썬 너무 맵지 않은 피망, 조리양념하지 않은 쌀밥, 약간의 마늘, 다진양파와 파슬리에 초기름 소스를 넣어 양념한다.
Bagatelle (바가뗄)	줄리안으로 썬 당근과 버섯, 아스파라거스 끝부분에 초기름 소스를 넣는다.
Aida (아이다)	곱슬곱슬한 풀상추, 정선한 토마토와 얇게 썬 아티초크 밑부분, 줄리안으로 썬 초록색 피망과 얇게 썬 삶은 달걀, 흰자에 굵은 체에 거른 삶은 달걀, 노른자를 뿌려 덮고 나서, 겨자를 친 초기름 소스로 양념한다.
Chatelaine (샤뜰렌느)	삶은 달걀, 송로, 아티초크 밑부분, 감자를 얇게 썬다. 다진 타라곤을 첨가한 초기름 소스를 넣는다.
Lorette (로레뜨)	콘 샐러드, 줄리안으로 썬 셀러리와 무에 초기름 소스를 친다.

조리 용어	내 용
Manon (마농)	상추잎, 1/4로 썬 왕귤에 레몬즙, 소금, 설탕, 후추, 극소량의 초기름 소스를 친다.
Maraichere (마레셰르)	raiponce(초롱꽃과의 식물), 선모의(salsifis)싹, 얇게 썬 celerirave를 감자와 무로 장식하고 줄로 썬 서양고추냉이를 첨가한 크림겨자 소스를 끼얹는다.
Mimosa (미모사)	반으로 썬 상추의 속부분에 1/4로 썬 오렌지 껍질을 벗기고, 씨를 뺀 포도를 가득 넣고, 얇게 썬 바나나를 곁들여서 크림과 레몬즙을 친다.
Ninon (니농)	상추를 1/4로 썰어 담고, 1/4로 썬 장식한 오렌지 살 부분으로 장식한 다음, 오렌지주스, 레몬즙, 소금, 식용유로 양념한다.
Paloise (빨로와즈)	아스파라거스 끝부분, 1/4로 썬 아티초크, 줄리안으로 썬 celerirave에 겨자 친 초기름 소스를 끼얹는다.
Chiffonnade (쉬포나드)	양상추, 로메인, 줄리안으로 썬 셀러리, 가지, 풀상추, 1/4로 썬 토마토, 물냉이, 다진 삶은 달걀, 줄리안으로 썬 무류를 담는다.
Fantisie (팡지)	줄리안으로 썬 셀러리, 네모나게 썬 사과, 네모나게 썬 파인애플을 담고, 주위에는 줄리안으로 썬 상추를 담는다.
Florintine (플로랑띠느)	로메인, 네모나게 썬 셀러리 가지, 둥글게 썬 초록색 피망, 쓴맛이 우러나도록 삶은 시금치의 줄기, 물냉이잎을 담는다. 소스 그릇에 초기름 소스를 담아 놓는다.
Mona-lisa (모나리자)	반으로 썬 상추의 속 부분 위에 줄리안으로 썬 사과와 줄리안으로 썬 송로를 섞어서 각각 놓고 별도로 소스 그릇에 케첩 소스를 조금 넣어 양을 늘린 마요네즈를 담아 서빙한다.
Waldorf (월도프)	네모나게 썬 셀러리, 네모나게 썬 사과, 바나나, 1/4로 썬 껍질 벗긴 호두를 담는다. 소스 그릇에는 동시에 마요네즈를 담는다.

▣ 앙뜨레 조리 용어

조리 용어	내 용
Sauter (소테)	팬에 버터나 샐러드 오일을 넣고 높은 열에서 볶아 익히는 방법
Rotir (호티)	주로 큰 덩어리를 익히는 방법으로 오븐에서 기름과 즙을 끼얹으면서 굽는다.
Griller (그리에)	boiler를 이용하여 불로 직접 굽는 방법(석쇠)

조리 용어	내 용
Braiser (브레이제)	질긴 육류를 익히는 방법으로 팬에 미르프와를 깔고 소스나 즙을 이용하여 오랜 시간 오븐에서 천천히 익히는 방법
Etuver (에뚜베)	천천히 색이 변하지 않게 찌거나 굽는 것
Gratiner (그라탕)	소스나 체로 친 치즈를 뿌린 후 오븐이나 살라만더에서 구워 표면을 완전히 막으로 덮게 하는 조리법
Poeler (뽀왈레)	프라이팬으로 굽다(볶다, 튀기다).
Glacer (그라쎄)	요리에 소스를 쳐서 뜨거운 오븐이나 살라만더에 넣어 표면을 구운 색깔로 만든다. 당근이나 작은 옥파에 버터, 설탕을 넣어 수분이 없어지도록 익히면 광택이 난다.
Blanchir (블랑셔)	재료를 끓는 물에 넣어 살짝 익힌 후 건져놓거나 찬물에 식히는 방법 야채의 쓴맛, 떫은맛을 빼거나 장시간 보존하기 위해 살짝 데친다.
Vapeur (빠뾔)	수증기로 찐다.
Pocher (뽀쉐)	뜨거운 물로 삶는다. 끓기 직전의 액체를 삶아 익히는 것 육즙이나 생선즙, 포도주로 천천히 끓여 익히는 것
Frire (프리르)	기름에 튀겨내다.
Bouillir (부이어)	끓이다.
Blue (블루)	색깔만 살짝 내고 속은 따뜻하게 하여 자르면 속에서 피가 흐르도록 하여 만드는 방법
Saignant (쎄냥)	blue 보다 조금 더 익힌 것으로 자르면 피가 보이도록 하여야 한다.
A point (아뺑)	절반 정도를 익히는 것으로 자르면 붉은 색이 있어야 한다.
Cuit (뀌)	거의 다 익히는 것으로 자르면 가운데 부분에 약간 붉은 색이 있어야 한다.
Bien cuit (비엥뀌)	속까지 완전히 익히는 것
Chateaubriand (샤또브리앙)	filet의 가운데 부분을 두껍게 잘라서 굽는 최고급 스테이크

조리 용어	내 용
Tournedos (뚜흐네도)	filet의 앞쪽 끝부분을 잘라내어 굽는 스테이크
Filet mignon (휠레미뇽)	filet의 꼬리 쪽에 해당하는 세모꼴 부분을 베이컨으로 감아 구워내는 스테이크
Sirloin steak (설로인 스테이크)	소 허리 등심에서 추출
Round steak (라운드 스테이크)	소 허벅지에서 추출
Rump steak (럼 스테이크)	소 궁둥이에서 추출
Flank steak (프랭크 스테이크)	소 배 부위에서 추출
Brochettes (브로쎄트)	각종의 고기를 주재료로 야채를 사이사이 끼워 굽는 석쇠구이
Cotelettes (꼬테레트)	영어로 cutlet라 하며 고기를 얇게 저며 옷을 입혀 굽는 것
Fricassee (프리카쎄)	주로 날짐승 고기를 사용하여 크림을 넣고 찌는 것
Croquettes (크로켓트)	닭, 날짐승, 생선, 새우 같은 것을 주재료로 하는 것
Rissoles (리솔레)	날짐승의 내장을 저며서 파이껍질에 싸서 기름에 튀기는 것
Bouchees (보우체)	파이에다 한 입에 먹기 쉽도록 새우, 조개류의 살을 조미해서 넣은 것
Creinettes (크레뻬네트)	고기를 저며서 돼지의 내장에 싸서 구운 것으로 순대와 비슷
Ragout (라구)	영어의 stew
Blanquett (브랑켓)	흰색 스튜로서 삶은 송아지 요리
Marengo (마렝고)	닭을 잘리서 버디로 튀겨 달갈을 겉들인 요리
Coquilles (코카유)	조개껍질을 이용하여 여러 가지를 넣어 볶는 것

조리 용어	내 용
Pilaff (피라쁘)	볶음밥 같은 것으로서 쌀에다 고기 등을 넣어 볶는 것
Parmentier (파멩리어)	감자요리
Beignets (베이네)	fritter에 가까운 요리로 튀김요리가 비슷함

▣ 디저트 조리 용어

조리 용어	내 용
Bavarois (바바로와)	크림, 달걀, 젤라틴을 원료로 만든 것
Charlotte (샤로테)	finger 비스킷을 껍질로 하여 속에 우유를 넣어 차게 한 것
Mousse (무스)	달걀과 크림을 섞어 글라스에 차게 한 것
Blanc manger (브랑망저)	밀크, 콘스타치를 젤라틴으로 구운 것
Crepes (크레이프)	밀가루, 설탕, 달걀 등으로 만든 팬케이크의 일종
Pudding (푸딩)	밀가루, 설탕 달걀 등으로 만든 젤리타입의 유동물질
Beignets (베이네)	과일에 반죽을 입혀서 식용유에 튀긴 것
Peach melba (피치 멜바)	아이스크림 위에 복숭아조림을 올려놓은 것
Ice cream (아이스크림)	유지방을 사용한 빙과
Sherbet (셔벳)	과즙과 리큐르로 만든 빙과
Creme de fromage (크림 드 포마쥬)	치즈를 미르에 붓고 후추, 소금, 파프리카 등을 푸딩관에 넣어 차게 한 것
Souffle de fromage (수프레 드 포마쥬)	크림소스에다 스위스치즈나 가루치즈를 섞어 오븐에 구워 내는 것
Pailles au fromage (필레 오 포마쥬)	밀가루+우유+버터에 치즈를 섞어 얇게 밀어서 동그랗게 말은 다음 잘게 썰어 오븐에 구워 내는 것

Basic Western

Cooking

양식조리기능사 실기

Spanish Omelet
스페니시 오믈렛

시험시간
30분

지급 재료

- 토마토 중(150g 정도) 1/4개 • 양파 중(150g 정도) 1/6개
- 청피망 중(75g 정도) 1/6개 • 양송이(10g) 1개 • 베이컨(길이 25~30cm) 1/2조각
- 투마투케첩 20g • 검은후춧가루 2g • 소금(정제염) 5g • 달걀 3개
- 식용유 20ml • 버터(무염) 20g • 생크림(조리용) 20ml

요구사항

주어진 재료를 사용하여 다음과 같이 스페니시 오믈렛을 만드시오.

❶ 토마토, 양파, 청피망, 양송이, 베이컨은 0.5cm 정도의 크기로 썰어 오믈렛 소를 만드시오.
❷ 소가 흘러나오지 않도록 하시오.
❸ 소를 넣어 나무젓가락과 팬을 이용하여 타원형으로 만드시오.

수검자 유의사항

❶ 만드는 순서에 유의하며, 위생과 숙련된 기능평가를 위하여 조리작업 시 맛을 보지 않습니다.
❷ 지정된 수험자 지참 준비물 이외의 조리기구나 재료를 시험장 내에 지참할 수 없습니다.
❸ 지급재료는 시험 전 확인하여 이상이 있을 경우 시험위원으로부터 조치를 받고 시험 중에는 재료의 교환 및 추가지급은 하지 않습니다.
❹ 요구사항의 규격은 "정도"의 의미를 포함하며, 지급된 재료의 크기에 따라 가감하여 채점합니다.
❺ 위생복, 위생모, 앞치마를 착용하여야 하며, 시험장비 · 조리도구 취급 등 안전에 유의합니다.
❻ 다음 사항에 대해서는 채점대상에서 제외하니 특히 유의하시기 바랍니다.
가) 기권- 수험자 본인이 시험 도중 시험에 대한 포기 의사를 표현하는 경우
나) 실격- (1) 가스레인지 화구 2개 이상(2개 포함) 사용한 경우
(2) 불을 사용하여 만든 조리작품이 작품특성에 벗어나는 정도로 타거나 익지 않은 경우
(3) 위생복, 위생모, 앞치마를 착용하지 않은 경우
(4) 시험 중 시설 · 장비(칼, 가스레인지 등) 사용 시 감독위원 및 타 수험자의 시험 진행에 위협이 될 것으로 감독 위원 전원이 합의하여 판단한 경우
다) 미완성- (1) 시험시간 내에 과제 두 가지를 제출하지 못한 경우
(2) 문제의 요구사항대로 과제의 수량이 만들어지지 않은 경우
라) 오작- (1) 구이를 조림 등으로 조리하여 완성품을 요구사항과 다르게 만든 경우
(2) 해당 과제의 지급재료 이외의 재료를 사용하거나 석쇠 등 요구사항의 조리도구를 사용하지 않은 경우
마) 요구사항에 표시된 실격, 미완성, 오작에 해당하는 경우
❼ 항목별 배점은 위생상태 및 안전관리 5점, 조리기술 30점, 작품의 평가 15점입니다.
❽ 시험시작 전 가벼운 몸 풀기(스트레칭) 동작으로 긴장을 풀고 시험을 시작합니다.

만드는 방법

❶ 달걀은 소금을 넣고 부드럽게 풀어서 체에 내리고 베이컨, 양송이, 양파, 피망은 사방 0.5㎝가 되게 썬다.
❷ 토마토도 껍질과 씨를 제거한 후 사방 0.5㎝가 되게 썬다.
❸ 팬을 가열하여 버터를 녹이고 베이컨을 볶다가 양파, 피망, 양송이 순으로 볶은 다음, 토마토를 넣고 떫은맛이 없어질 때까지 볶다가 토마토 케첩을 넣어 볶은 후 소금, 후추로 간을 하고 접시에 옮겨 담는다.
❹ 오믈렛 팬에 식용유를 넣어 가열시키고, 달걀을 부은 다음 스크램블을 하고 반 정도 익었을 때 ③에서 만든 속을 가운데 배열하여 타원형이 되도록 말아준다.
❺ 완성 그릇에 담는다.

1. 아침식사의 일종으로 달걀 말이 속에 치즈를 잘게 썰어 오믈렛 모양을 만들기도 하고 달걀들과 섞어서 만들어 주기도 한다. 속재료 없이 만드는 것을 플레인(plain) 오믈렛이라고 한다.
2. 속은 촉촉하되 달걀 물이 흐르면 안 된다.

Cheese Omelet
치즈 오믈렛

지급 재료

• 달걀 3개 • 치즈(가로, 세로 8cm 정도) 1장 • 버터(무염) 30g • 식용유 20ml
• 생크림(조리용) 20ml • 소금(정제염) 2g

요구사항

주어진 재료를 사용하여 다음과 같이 치즈 오믈렛을 만드시오.

❶ 치즈는 사방 0.5cm 정도로 자르시오.
❷ 치즈가 들어가 있는 것을 알 수 있도록 하고, 익지 않은 달걀이 흐르지 않도록 만드시오.
❸ 나무젓가락과 팬을 이용하여 타원형으로 만드시오.

수검자 유의사항

❶ 만드는 순서에 유의하며, 위생과 숙련된 기능평가를 위하여 조리작업 시 맛을 보지 않습니다.
❷ 지정된 수험자 지참 준비물 이외의 조리기구나 재료를 시험장 내에 지참할 수 없습니다.
❸ 지급재료는 시험 전 확인하여 이상이 있을 경우 시험위원으로부터 조치를 받고 시험 중에는 재료의 교환 및 추가지급은 하지 않습니다.
❹ 요구사항의 규격은 "정도"의 의미를 포함하며, 지급된 재료의 크기에 따라 가감하여 채점합니다.
❺ 위생복, 위생모, 앞치마를 착용하여야 하며, 시험장비 · 조리도구 취급 등 안전에 유의합니다.
❻ 다음 사항에 대해서는 채점대상에서 제외하니 특히 유의하시기 바랍니다.
　가) 기권- 수험자 본인이 시험 도중 시험에 대한 포기 의사를 표현하는 경우
　나) 실격- (1) 가스레인지 화구 2개 이상(2개 포함) 사용한 경우
　　(2) 불을 사용하여 만든 조리작품이 작품특성에 벗어나는 정도로 타거나 익지 않은 경우
　　(3) 위생복, 위생모, 앞치마를 착용하지 않은 경우
　　(4) 시험 중 시설 · 장비(칼, 가스레인지 등) 사용 시 감독위원 및 타 수험자의 시험 진행에 위협이 될 것으로 감독 위원 전원이 합의하여 판단한 경우
　다) 미완성- (1) 시험시간 내에 과제 두 가지를 제출하지 못한 경우
　　(2) 문제의 요구사항대로 과제의 수량이 만들어지지 않은 경우
　라) 오작- (1) 구이를 조림 등으로 조리하여 완성품을 요구사항과 다르게 만든 경우
　　(2) 해당 과제의 지급재료 이외의 재료를 사용하거나 석쇠 등 요구사항의 조리도구를 사용하지 않은 경우
　마) 요구사항에 표시된 실격, 미완성, 오작에 해당하는 경우
❼ 항목별 배점은 위생상태 및 안전관리 5점, 조리기술 30점, 작품의 평가 15점입니다.
❽ 시험시작 전 가벼운 몸 풀기(스트레칭) 동작으로 긴장을 풀고 시험을 시작합니다.

만드는 방법

❶ 치즈를 0.5㎝ 정도의 크기로 자른다.
❷ 그릇에 달걀을 깨뜨려 넣고 잘 섞어준 후 치즈와 우유 또는 생크림을 넣는다.
❸ 프라이팬에 식용유를 넣고 달구어지면 ②를 넣어 젓가락으로 젓고 부드러운 스크램블드 에그가 되도록 익힌 후 타원형으로 말아 접시에 담는다.

TIP

스페인식 달걀요리로 속재료에 베이컨, 야채들을 볶다가 토마토케첩이나 페이스트를 넣고 소금, 후추로 간한 것을 달걀말이 속에 넣고 오믈렛 모양으로 만든 아침식사의 일종이다.

Shrimp Canape
쉬림프 카나페

시험시간
30분

지급 재료

- 새우 4마리(30~40g/마리당) • 식빵(샌드위치용) 1조각(제조일로부터 하루 경과한 것)
- 달걀 1개 • 파슬리(잎, 줄기 포함) 1줄기 • 버터(무염) 30g • 토마토케첩 10g
- 소금(정제염) 5g • 흰후춧가루 2g • 레몬 1/8개(길이(장축)로 등분) • 이쑤시개 1개
- 당근 15g(둥근 모양이 유지되게 등분) • 셀러리 15g
- 양파 중(150g 정도) 1/8개

요구사항

주어진 재료를 사용하여 다음과 같이 쉬림프 카나페를 만드시오

❶ 새우는 내장을 제거한 후 미르포아(Mirepoix)를 넣고 삶아서 껍질을 제거하시오.
❷ 달걀은 완숙으로 삶아 사용하시오.
❸ 식빵은 직경 4cm 정도의 원형으로 하고, 쉬림프 카나페는 4개 제출하시오.

수검자 유의사항

❶ 만드는 순서에 유의하며, 위생과 숙련된 기능평가를 위하여 조리작업 시 맛을 보지 않습니다.
❷ 지정된 수험자 지참 준비물 이외의 조리기구나 재료를 시험장 내에 지참할 수 없습니다.
❸ 지급재료는 시험 전 확인하여 이상이 있을 경우 시험위원으로부터 조치를 받고 시험 중에는 재료의 교환 및 추가지급은 하지 않습니다.
❹ 요구사항의 규격은 "정도"의 의미를 포함하며, 지급된 재료의 크기에 따라 가감하여 채점합니다.
❺ 위생복, 위생모, 앞치마를 착용하여야 하며, 시험장비 · 조리도구 취급 등 안전에 유의합니다.
❻ 다음 사항에 대해서는 채점대상에서 제외하니 특히 유의하시기 바랍니다.
가) 기권– 수험자 본인이 시험 도중 시험에 대한 포기 의사를 표현하는 경우
나) 실격– (1) 가스레인지 화구 2개 이상(2개 포함) 사용한 경우
(2) 불을 사용하여 만든 조리작품이 작품특성에 벗어나는 정도로 타거나 익지 않은 경우
(3) 위생복, 위생모, 앞치마를 착용하지 않은 경우
(4) 시험 중 시설 · 장비(칼, 가스레인지 등) 사용 시 감독위원 및 타 수험자의 시험 진행에 위협이 될 것으로 감독 위원 전원이 합의하여 판단한 경우
다) 미완성– (1) 시험시간 내에 과제 두 가지를 제출하지 못한 경우
(2) 문제의 요구사항대로 과제의 수량이 만들어지지 않은 경우
라) 오작– (1) 구이를 조림 등으로 조리하여 완성품을 요구사항과 다르게 만든 경우
(2) 해당 과제의 지급재료 이외의 재료를 사용하거나 석쇠 등 요구사항의 조리도구를 사용하지 않은 경우
마) 요구사항에 표시된 실격, 미완성, 오작에 해당하는 경우
❼ 항목별 배점은 위생상태 및 안전관리 5점, 조리기술 30점, 작품의 평가 15점입니다.
❽ 시험시작 전 가벼운 몸 풀기(스트레칭) 동작으로 긴장을 풀고 시험을 시작합니다.

만드는 방법

❶ 새우를 깨끗이 씻어 내장을 제거한 후 끓는 물에 양파, 셀러리, 당근(미르포아)을 넣고 익혀 식으면 껍질과 꼬리를 제거한다.
❷ 빵을 칼로써 원형으로 잘라 토스트한다.
❸ 양상추를 토스트한 빵의 크기로 자른다.
❹ 달걀을 굴려 삶아 노른자가 중심에 오도록 하고 껍질을 벗긴 후 달걀절로 잘라서 준비한다.
❺ 빵의 한 면에 버터나 마요네즈를 바르고 달걀을 놓은 후 양상추를 얹고 새우를 배열한 다음 케첩을 놓고 파슬리를 작게 잘라 장식하여 접시에 담는다.

TIP

1. 식빵은 원형 틀이 없을 경우 네모나게 썬 것을 가장자리를 잘 정리해서 둥글게 만든다.
2. 새우를 데칠 때는 등쪽의 내장을 제거한 후 끓는 물에 향채(mirepoix)를 넣고 끓여야 비린 냄새가 나지 않는다.

Tuna Tartar with Salad Bouquet and Vegetable Vinaigrette

샐러드 부케를 곁들인 참치 타르타르와 채소 비네그레트

지급 재료

• 붉은색 참치살 80g(냉동지급) • 양파 중(150g 정도) 1/8개 • 그린올리브 2개 • 케이퍼 5개
• 올리브오일 25ml • 레몬 1/4개(길이(장축)로 등분) • 핫소스 5ml • 처빌 2줄기(fresh)
• 소금(꽃소금) 5g • 흰후춧가루 3g • 차이브 5줄기(fresh(실파로 대체 가능))
• 롤라로사(lollo rossa) 2잎(잎상추로 대체 가능) • 그린치커리 2줄기(fresh)
• 붉은색 파프리카(5~6cm 정도 길이, 150g 정도) 1/4개
• 노란색 파프리카(5~6cm 정도 길이, 150g 정도) 1/8개
• 오이(가늘고 곧은 것, 20cm 정도, 길이로 반을 갈라 10등분) 1/10개
• 파슬리(잎, 줄기 포함) 1줄기 • 딜 3줄기(fresh) • 식초 10ml

※ 지참준비물 추가

• 테이블스푼 2개(퀜넬용, 머릿부분 가로 6cm, 세로(폭) 3.5~4cm 정도)

요구사항

주어진 재료를 사용하여 다음과 같이 샐러드 부케를 곁들인 참치 타르타르와 채소 비네그레트를 만드시오.

❶ 참치는 꽃소금을 사용하여 해동하고, 3~4mm 정도의 작은 주사위 모양으로 썰어 양파, 그린올리브, 케이퍼, 처빌 등을 이용하여 타르타르를 만드시오
❷ 채소를 이용하여 샐러드 부케를 만드시오.
❸ 참치타르타르는 테이블스푼 2개를 사용하여 퀜넬(quenelle) 형태로 3개를 만드시오.
❹ 비네그레트는 양파 붉은색과 노란색의 파프리카, 오이를 가로세로 2mm 정도의 작은 주사위 모양으로 썰어서 사용하고 파슬리와 딜은 다져서 사용하시오.

수검자 유의사항

❶ 만드는 순서에 유의하며, 위생과 숙련된 기능평가를 위하여 조리작업 시 맛을 보지 않습니다.
❷ 지정된 수험자 지참 준비물 이외의 조리기구나 재료를 시험장 내에 지참할 수 없습니다.
❸ 지급재료는 시험 전 확인하여 이상이 있을 경우 시험위원으로부터 조치를 받고 시험 중에는 재료의 교환 및 추가지급은 하지 않습니다.
❹ 요구사항의 규격은 "정도"의 의미를 포함하며, 지급된 재료의 크기에 따라 가감하여 채점합니다.
❺ 위생복, 위생모, 앞치마를 착용하여야 하며, 시험장비 · 조리도구 취급 등 안전에 유의합니다.
❻ 다음 사항에 대해서는 채점대상에서 제외하니 특히 유의하시기 바랍니다.
가) 기권- 수험자 본인이 시험 도중 시험에 대한 포기 의사를 표현하는 경우
나) 실격- (1) 가스레인지 화구 2개 이상(2개 포함) 사용한 경우
(2) 불을 사용하여 만든 조리작품이 작품특성에 벗어나는 정도로 타거나 익지 않은 경우
(3) 위생복, 위생모, 앞치마를 착용하지 않은 경우
(4) 시험 중 시설 · 장비(칼, 가스레인지 등) 사용 시 감독위원 및 타 수험자의 시험 진행에 위협이 될 것으로 감독 위원 전원이 합의하여 판단한 경우
다) 미완성- (1) 시험시간 내에 과제 두 가지를 제출하지 못한 경우
(2) 문제의 요구사항대로 과제의 수량이 만들어지지 않은 경우
라) 오작- (1) 구이를 조림 등으로 조리하여 완성품을 요구사항과 다르게 만든 경우
(2) 해당 과제의 지급재료 이외의 재료를 사용하거나 석쇠 등 요구사항의 조리도구를 사용하지 않은 경우
마) 요구사항에 표시된 실격, 미완성, 오작에 해당하는 경우
❼ 항목별 배점은 위생상태 및 안전관리 5점, 조리기술 30점, 작품의 평가 15점입니다.
❽ 시험시작 전 가벼운 몸 풀기(스트레칭) 동작으로 긴장을 풀고 시험을 시작합니다.

만드는 방법

❶ 꽃소금을 물에 녹인 후 붉은색 냉동참치를 담가 해동시킨다. 해동한 후 물기를 키친타월을 이용하여 닦는다.
❷ ①번의 해동과정 중에 채소를 섞어서 깨끗하게 물에 담가놓는다. 담가 둔 채소들을 꺼내둔다.
❸ 참치는 다이스 형태(4㎜)로 썰어 다진다.
❹ 믹싱볼에 다진 참치와 다진 양파, 다진 케이퍼, 레몬주스, 다진 올리브에 올리브오일, 핫소스, 다진 실파줄기, 소금, 후춧가루를 넣고 버무려 섞는다.
❺ 비네그레트 드레싱 만들기 : 양파, 노란색 파프리카, 오이를 2㎜ 다이스 모양으로 썰고, 둥근 볼에 소금, 후추, 식초, 다진 딜을 넣고 잘 섞은 다음 올리브 오일을 서서히 부어주면서 거품기로 잘 혼합해준다.
❻ 양념에 절여놓은 참치는 테이블스푼 2개를 이용하여 둥근 타원형 모양을 만든다. 처음 스푼 위에 참치 양념을 얹고, 다른 스푼으로 동그랗게 눌러가면서 작은 타원형을 만들면서 스푼자국이 안 남도록 만들어 낸다.
❼ 채소부케 만들기 : ②번의 씻어 놓은 채소를 이용하여 채소 부케를 만든다. 채소의 물기를 제거한 다음, 붉은색 파프리카는 5~6㎝ 크기의 채로 썰고, 붉은색 파프리카와 팽이버섯을 가운데에 놓고, 그린비타민, 그린치커리, 롤라로사로 감싸준다. 이때, 그냥 놓으면 흩어지기 때문에 차이브(실파)를 이용하여 동그랗게 묶어준다. 그 위에 물냉이를 살짝 몇 줄기만을 얹어 모양을 낸다.
❽ 그릇에 담기 : 그릇에 퀜넬 모양의 참치 3개를 접시에 동그랗게 담고 중간지점에 채소부케(채소다발)를 놓는다. 참치 퀜넬 주변으로 채소 비네그레트 드레싱을 빙 둘러서 뿌린다. 부케 옆에 남아있는 딜과 처빌을 놓아 장식한다. 퀜넬 위에는 소금물에 살짝 절여놓은 붉은색 파프리카와 노란색 파프리카를 X자 모양으로 포개어 모양을 낸다.

1. 다이스 형태로 썰어 다진 참치들의 결착력을 강하게 하기 위해 좀 더 다져주는 것이 좋다.
2. 참치들을 버무릴 때 참치의 결착력을 강하게 하기 위해 스푼으로 잘 버무려 준다.

쉬어가기

사전준비(Mise En Place)

요리를 만들 수 있게 사전에 준비하는 것을 미장프라스(Mise En Place)라고 하는데 "사전준비"라고 할 수 있다. 주방에서 미장프라스(Mise En Place)를 완벽히 이루면 일은 절반은 했다고 할 수 있을 정도로 업무를 효율적 · 능률적으로 수행할 수 있는 최소기본 요건인 것이다. 이 기초준비의 작업은 어느 주방에도 해당되는 것으로 요리사는 자기가 맡은 업무에 대한 미장프라스(Mise En Place)가 존재하므로 주방장부터 요리사보조원까지 요리생산을 위해 절대적으로 필요하다.

단위 주방의 경우 요리가 주문에 의해 제공될 때 고기가 준비되지 않았든지 채소가 준비되지 않으면 정상적인 요리가 제공될 수 없고 예정 시간보다 늦게 제공될 수 있다. 주방장은 사전에 미장프라스(Mise En Place)에 대해 관심을 갖고 요리사전에 모든 준비 과정이 되었나 점검할 필요가 있다.

부서별로(찬요리, 더운요리, 소스, 부처) 사전 준비가 되면 업무능률을 올릴 수 있어 적은 인원으로도 무리 없이 요리를 정상적으로 제공할 수 있다. 연회주방의 경우는 사전에 한 가지 준비가 빠지면 많은 요리를 단시간 내에 제공하는 데 무리가 따른다. 특히 누가 얼마만큼 미장프라스를 하느냐에 따라 요리사 개개인의 능력의 차이를 평가할 수 있다. 완벽한 미장프라스는 업무에 대한 내용을 완전히 파악한 후 사전준비 후 점검하는 것이다.

French Fried Shrimp
프렌치 프라이드 쉬림프

시험시간
25분

지급 재료

- 새우 4마리(50~60g) • 밀가루(중력분) 80g • 백설탕 2g • 달걀 1개 • 소금(정제염) 2g
- 흰후춧가루 2g • 식용유 500ml • 레몬(길이(장축)로 등분) 1/6개
- 파슬리(잎, 줄기 포함) 1줄기 • 냅킨(흰색, 기름제거용) 2장 • 이쑤시개 1개

요구사항

주어진 재료를 사용하여 다음과 같이 프렌치프라이드쉬림프를 만드시오.

❶ 새우는 꼬리 쪽에서 1마디 정도 껍질을 남겨 구부러지지 않게 튀기시오.
❷ 새우튀김은 4개를 제출하시오.
❸ 레몬과 파슬리를 곁들이시오.

수검자 유의사항

❶ 만드는 순서에 유의하며, 위생과 숙련된 기능평가를 위하여 조리작업 시 맛을 보지 않습니다.
❷ 지정된 수험자 지참 준비물 이외의 조리기구나 재료를 시험장 내에 지참할 수 없습니다.
❸ 지급재료는 시험 전 확인하여 이상이 있을 경우 시험위원으로부터 조치를 받고 시험 중에는 재료의 교환 및 추가지급은 하지 않습니다.
❹ 요구사항의 규격은 "정도"의 의미를 포함하며, 지급된 재료의 크기에 따라 가감하여 채점합니다.
❺ 위생복, 위생모, 앞치마를 착용하여야 하며, 시험장비 · 조리도구 취급 등 안전에 유의합니다.
❻ 다음 사항에 대해서는 채점대상에서 제외하니 특히 유의하시기 바랍니다.

가) 기권– 수험자 본인이 시험 도중 시험에 대한 포기 의사를 표현하는 경우
나) 실격– (1) 가스레인지 화구 2개 이상(2개 포함) 사용한 경우
(2) 불을 사용하여 만든 조리작품이 작품특성에 벗어나는 정도로 타거나 익지 않은 경우
(3) 위생복, 위생모, 앞치마를 착용하지 않은 경우
(4) 시험 중 시설 · 장비(칼, 가스레인지 등) 사용 시 감독위원 및 타 수험자의 시험 진행에 위협이 될 것으로 감독 위원 전원이 합의하여 판단한 경우
다) 미완성– (1) 시험시간 내에 과제 두 가지를 제출하지 못한 경우
(2) 문제의 요구사항대로 과제의 수량이 만들어지지 않은 경우
라) 오작– (1) 구이를 조림 등으로 조리하여 완성품을 요구사항과 다르게 만든 경우
(2) 해당 과제의 지급재료 이외의 재료를 사용하거나 석쇠 등 요구사항의 조리도구를 사용하지 않은 경우
마) 요구사항에 표시된 실격, 미완성, 오작에 해당하는 경우

❼ 항목별 배점은 위생상태 및 안전관리 5점, 조리기술 30점, 작품의 평가 15점입니다.
❽ 시험시작 전 가벼운 몸 풀기(스트레칭) 동작으로 긴장을 풀고 시험을 시작합니다.

만드는 방법

❶ 새우를 깨끗이 씻어 머리, 내장, 껍질을 제거하고(꼬리는 남긴다), 배쪽에 2~3회 칼집을 넣은 후 소금, 흰후추로 간을 한다.
❷ 달걀을 흰자, 노른자로 분리한 후 노른자에 물, 밀가루, 설탕을 넣고 가볍게 저어 튀김옷(반죽)을 만든다.
❸ 흰자는 거품을 내어 ②의 반죽에 가볍게 섞는다.
❹ 준비된 새우에 밀가루를 묻히고 반죽을 입혀 기름에 튀겨 접시에 담는다(레몬과 파슬리로 장식을 한다).

1. 달걀흰자 거품은 너무 많이 넣지 않도록 한다.
2. 약 3큰술 정도만 넣고 가볍게 저어 준다.

Beef Consomme
비프 콘소메

지급 재료

- 소고기(살코기) 70g(갈은 것) • 양파 중(150g 정도) 1개
- 당근 40g(둥근 모양이 유지되게 등분) • 셀러리 30g
- 달걀 1개 • 소금(정제염) 2g • 검은후춧가루 2g • 검은통후추 1개
- 파슬리(잎, 줄기 포함) 1줄기 • 월계수잎 1잎 • 토마토 중(150g 정도) 1/4개
- 비프스톡(육수) 500ml(물로 대체 가능) • 정향 1개

요구사항

주어진 재료를 사용하여 다음과 같이 비프 콘소메를 만드시오.

❶ 어니언 브루리(onion brulee)를 만들어 사용하시오.
❷ 양파를 포함한 채소는 채 썰어 향신료, 소고기, 달걀흰자 머랭과 함께 섞어 사용하시오.
❸ 수프는 맑고 갈색이 되도록 하여 200ml 이상 제출하시오.

수검자 유의사항

❶ 만드는 순서에 유의하며, 위생과 숙련된 기능평가를 위하여 조리작업 시 맛을 보지 않습니다.
❷ 지정된 수험자 지참 준비물 이외의 조리기구나 재료를 시험장 내에 지참할 수 없습니다.
❸ 지급재료는 시험 전 확인하여 이상이 있을 경우 시험위원으로부터 조치를 받고 시험 중에는 재료의 교환 및 추가지급은 하지 않습니다.
❹ 요구사항의 규격은 "정도"의 의미를 포함하며, 지급된 재료의 크기에 따라 가감하여 채점합니다.
❺ 위생복, 위생모, 앞치마를 착용하여야 하며, 시험장비 · 조리도구 취급 등 안전에 유의합니다.
❻ 다음 사항에 대해서는 채점대상에서 제외하니 특히 유의하시기 바랍니다.
가) 기권- 수험자 본인이 시험 도중 시험에 대한 포기 의사를 표현하는 경우
나) 실격- (1) 가스레인지 화구 2개 이상(2개 포함) 사용한 경우
(2) 불을 사용하여 만든 조리작품이 작품특성에 벗어나는 정도로 타거나 익지 않은 경우
(3) 위생복, 위생모, 앞치마를 착용하지 않은 경우
(4) 시험 중 시설 · 장비(칼, 가스레인지 등) 사용 시 감독위원 및 타 수험자의 시험 진행에 위협이 될 것으로 감독 위원 전원이 합의하여 판단한 경우
다) 미완성- (1) 시험시간 내에 과제 두 가지를 제출하지 못한 경우
(2) 문제의 요구사항대로 과제의 수량이 만들어지지 않은 경우
라) 오작- (1) 구이를 조림 등으로 조리하여 완성품을 요구사항과 다르게 만든 경우
(2) 해당 과제의 지급재료 이외의 재료를 사용하거나 석쇠 등 요구사항의 조리도구를 사용하지 않은 경우
마) 요구사항에 표시된 실격, 미완성, 오작에 해당하는 경우
❼ 항목별 배점은 위생상태 및 안전관리 5점, 조리기술 30점, 작품의 평가 15점입니다.
❽ 시험시작 전 가벼운 몸 풀기(스트레칭) 동작으로 긴장을 풀고 시험을 시작합니다.

만드는 방법

❶ 팬을 달군 후 양파의 밑동을 원형으로 얇게 썰어 색이 나도록 구워 그릇에 담아 준비한다.
❷ 토마토는 꼭지를 따고 등에 열십자로 칼집을 낸 후 잠깐 데치고 건져서 찬물에 식힌다.
❸ 당근, 셀러리, 물기를 제거한 데친 토마토를 곱게 채 썰고 파슬리 줄기를 준비해 놓는다.
❹ 스테인리스 볼에 달걀흰자를 분리하여 넣고 거품기를 이용하여 부피가 최대가 될 때까지 저어준다.
❺ ④의 거품을 낸 달걀흰자에 ③의 야채 썬 것과 쇠고기 간 것, 월계수잎, 정향, 통후추를 넣어 골고루 섞는다.
❻ 준비된 자루냄비에 ⑤의 재료를 넣고 쇠고기 육수 700㎖ 정도를 붓는다.
(조리기능사 실기 시험에서는 쇠고기 육수가 생략되는 경우에는 물로 대신한다.)
❼ ⑥의 냄비에 ①의 색을 낸 양파를 넣은 후 불에 올려 가열하여 비등점에 이를 때까지 바닥을 서서히 저어주면서 중앙에 구멍을 뚫어 주어 은은한 불에서 끓여 낸다.
❽ 완성된 콘소메를 소창에 걸려 기름을 최소화하고 소금, 후추로 간을 하여 콘소메 볼에 담아 제출한다.

TIP

1. 쇠고기를 다지면 국물이 뿌옇게 되므로 잘게 썬다.
2. 흰자 거품을 내어 쇠고기나 야채를 가볍게 섞어 브라운 스톡에 붓고 약한 불에서 서서히 끓여 주는데, 가운데 구멍을 약간 내어 잘 끓을 수 있도록 한다.
3. 브라운 스톡이 없을 경우 우스터 소스 몇 방울을 떨어뜨려 연한 갈색이 되도록 한다.

French Onion Soup
프렌치 어니언 수프

시험시간
30분

지급 재료

- 양파 중(150g 정도) 1개 • 바게트빵 1조각 • 버터(무염) 20g
- 소금(정제염) 2g • 검은후춧가루 1g • 파르마산치즈가루 10g • 백포도주 15ml
- 마늘 중(깐 것) 1쪽 • 파슬리(잎, 줄기 포함) 1줄기
- 맑은 스톡(비프스톡 또는 콘소메) 270ml(물로 대체 가능)

요구사항

주어진 재료를 사용하여 다음과 같이 프렌치어니언 수프를 만드시오.

❶ 양파는 5㎝ 크기의 길이로 일정하게 써시오.
❷ 바게트빵에 마늘버터를 발라 구워서 따로 담아내시오.
❸ 완성된 수프의 양은 200ml 이상 제출하시오.

수검자 유의사항

❶ 만드는 순서에 유의하며, 위생과 숙련된 기능평가를 위하여 조리작업 시 맛을 보지 않습니다.
❷ 지정된 수험자 지참 준비물 이외의 조리기구나 재료를 시험장 내에 지참할 수 없습니다.
❸ 지급재료는 시험 전 확인하여 이상이 있을 경우 시험위원으로부터 조치를 받고 시험 중에는 재료의 교환 및 추가지급은 하지 않습니다.
❹ 요구사항의 규격은 "정도"의 의미를 포함하며, 지급된 재료의 크기에 따라 가감하여 채점합니다.
❺ 위생복, 위생모, 앞치마를 착용하여야 하며, 시험장비 · 조리도구 취급 등 안전에 유의합니다.
❻ 다음 사항에 대해서는 채점대상에서 제외하니 특히 유의하시기 바랍니다.
가) 기권- 수험자 본인이 시험 도중 시험에 대한 포기 의사를 표현하는 경우
나) 실격- (1) 가스레인지 화구 2개 이상(2개 포함) 사용한 경우
(2) 불을 사용하여 만든 조리작품이 작품특성에 벗어나는 정도로 타거나 익지 않은 경우
(3) 위생복, 위생모, 앞치마를 착용하지 않은 경우
(4) 시험 중 시설 · 장비(칼, 가스레인지 등) 사용 시 감독위원 및 타 수험자의 시험 진행에 위협이 될 것으로 감독 위원 전원이 합의하여 판단한 경우
다) 미완성- (1) 시험시간 내에 과제 두 가지를 제출하지 못한 경우
(2) 문제의 요구사항대로 과제의 수량이 만들어지지 않은 경우
라) 오작- (1) 구이를 조림 등으로 조리하여 완성품을 요구사항과 다르게 만든 경우
(2) 해당 과제의 지급재료 이외의 재료를 사용하거나 석쇠 등 요구사항의 조리도구를 사용하지 않은 경우
마) 요구사항에 표시된 실격, 미완성, 오작에 해당하는 경우
❼ 항목별 배점은 위생상태 및 안전관리 5점, 조리기술 30점, 작품의 평가 15점입니다.
❽ 시험시작 전 가벼운 몸 풀기(스트레칭) 동작으로 긴장을 풀고 시험을 시작합니다.

만드는 방법

❶ 양파는 5㎝ 크기로 결대로 일정하게 채를 썰고, 마늘은 곱게 다지고, 파슬리는 곱게 다진 후 물에 헹구어 물기를 제거한다.
❷ 갈릭버터 만들기 : 파슬리, 다진 마늘, 다진 파슬리를 넣고 잘 저어준다.
❸ 바게트 빵(1㎝ 두께)으로 자른 후 갈릭버터를 잘 펴서 바르고 팬에서 양면을 토스트 한 후 갈릭버터 있는 면에 파르마산 치즈를 뿌려 마늘빵을 준비한다.
❹ 냄비에 버터를 살짝 두른 후 양파를 넣어 갈색이 나도록 볶으며 양파 자체에 수분을 없앤다(백포도주를 조금씩 넣어가면서 계속 볶아 갈색을 낸다).
❺ 양파에 충분히 갈색이 나면 콘소메 육수를 넣고 약한 불에서 은근히 끓이며 중간에 생기는 거품을 잘 제거한다.
❻ 양파의 색과 맛이 잘 우러나면 소금, 후추로 간을 하고, 완성 그릇에 수프를 담고 만들어 놓은 빵을 얹고 파슬리 다진 것을 올린다.

TIP

1. 양파는 약불에서 천천히 볶아야 타지 않게 갈색으로 볶을 수 있다.
2. 끓일 때 약불에서 끓여 국물이 탁하지 않게 한다.
3. 마늘빵은 제출 직전에 올려 담아낸다.

Fish Chowder Soup

피시 차우더 수프

지급 재료

- 대구살 50g(해동지급) • 감자(150g 정도) 1/4개
- 베이컨(길이 25~30cm) 1/2조각 • 양파 중(150g 정도) 1/6개
- 셀러리 30g • 버터(무염) 20g • 밀가루(중력분) 15g • 우유 200ml
- 소금(정제염) 2g • 흰후춧가루 2g • 정향 1개 • 월계수잎 1잎

요구사항

주어진 재료를 사용하여 다음과 같이 피시 차우더 수프를 만드시오.

❶ 차우더 수프는 화이트 루(roux)를 이용하여 농도를 맞추시오.
❷ 채소는 0.7cm x 0.7cm x 0.1cm, 생선은 1cm x 1cm x 1cm 정도 크기로 써시오.
❸ 대구살을 이용하여 생선스톡을 만들어 사용하시오.
❹ 수프는 200ml 이상으로 제출하시오.

수검자 유의사항

❶ 만드는 순서에 유의하며, 위생과 숙련된 기능평가를 위하여 조리작업 시 맛을 보지 않습니다.
❷ 지정된 수험자 지참 준비물 이외의 조리기구나 재료를 시험장 내에 지참할 수 없습니다.
❸ 지급재료는 시험 전 확인하여 이상이 있을 경우 시험위원으로부터 조치를 받고 시험 중에는 재료의 교환 및 추가지급은 하지 않습니다.
❹ 요구사항의 규격은 "정도"의 의미를 포함하며, 지급된 재료의 크기에 따라 가감하여 채점합니다.
❺ 위생복, 위생모, 앞치마를 착용하여야 하며, 시험장비 · 조리도구 취급 등 안전에 유의합니다.
❻ 다음 사항에 대해서는 채점대상에서 제외하니 특히 유의하시기 바랍니다.
가) 기권- 수험자 본인이 시험 도중 시험에 대한 포기 의사를 표현하는 경우
나) 실격- (1) 가스레인지 화구 2개 이상(2개 포함) 사용한 경우
(2) 불을 사용하여 만든 조리작품이 작품특성에 벗어나는 정도로 타거나 익지 않은 경우
(3) 위생복, 위생모, 앞치마를 착용하지 않은 경우
(4) 시험 중 시설 · 장비(칼, 가스레인지 등) 사용 시 감독위원 및 타 수험자의 시험 진행에 위협이 될 것으로 감독 위원 전원이 합의하여 판단한 경우
다) 미완성- (1) 시험시간 내에 과제 두 가지를 제출하지 못한 경우
(2) 문제의 요구사항대로 과제의 수량이 만들어지지 않은 경우
라) 오작- (1) 구이를 조림 등으로 조리하여 완성품을 요구사항과 다르게 만든 경우
(2) 해당 과제의 지급재료 이외의 재료를 사용하거나 석쇠 등 요구사항의 조리도구를 사용하지 않은 경우
마) 요구사항에 표시된 실격, 미완성, 오작에 해당하는 경우
❼ 항목별 배점은 위생상태 및 안전관리 5점, 조리기술 30점, 작품의 평가 15점입니다.
❽ 시험시작 전 가벼운 몸 풀기(스트레칭) 동작으로 긴장을 풀고 시험을 시작합니다.

만드는 방법

❶ 생선은 날것으로 사방 1㎝ 크기로 잘라서 찬물에서부터 익혀 국물은 스톡으로 사용한다.
❷ 베이컨, 모든 야채는 사방 0.7㎝ 크기, 두께 0.1㎝로 썬다.
❸ 냄비를 달구어 베이컨을 볶다가 양파, 감자, 셀러리를 넣어 살짝 익힌 후 스톡(Fish stock)을 붓고 끓여준다.
❹ ③의 재료들이 어느 정도 익으면 우유를 부어 농도를 맞추면서 소금, 후추로 간을 한다.

1. 생선수프의 한 종류로, 흰살생선을 삶아서 야채와 함께 생선 삶은 국물을 이용해 화이트 루를 만들어 걸쭉하게 한 후 우유도 넣어 맛과 영양을 잘 살린 수프의 일종이다.
2. 1인분의 수프는 200㎖, 즉 1컵이다.

Minestrone Soup
미네스트로니 수프

시험시간
30분

지급 재료

- 양파 중(150g 정도) 1/4개 • 셀러리 30g • 당근 40g(둥근 모양이 유지되게 등분)
- 무 10g • 양배추 40g • 버터(무염) 5g • 스트링빈스 2줄기(냉동, 채두 대체 가능)
- 완두콩 5알 • 토마토 중(150g 정도) 1/8개 • 스파게티 2가닥
- 토마토 페이스트 15g • 파슬리(잎, 줄기 포함) 1줄기
- 베이컨(길이 25~30cm) 1/2조각 • 마늘 중(깐 것) 1쪽 • 소금(정제염) 2g
- 검은후춧가루 2g • 치킨스톡 200ml(물로 대체 가능) • 월계수잎 1잎 • 정향 1개

요구사항

주어진 재료를 사용하여 다음과 같이 미네스트로니 수프를 만드시오.

❶ 채소는 사방 1.2cm, 두께 0.2cm 정도로 써시오.
❷ 스트링빈스, 스파게티는 1.2cm 정도의 길이로 써시오.
❸ 국물과 고형물의 비율을 3 : 1로 하시오.
❹ 전체 수프의 양은 200ml 이상으로 하고 파슬리 가루를 뿌려내시오.

수검자 유의사항

❶ 만드는 순서에 유의하며, 위생과 숙련된 기능평가를 위하여 조리작업 시 맛을 보지 않습니다.
❷ 지정된 수험자 지참 준비물 이외의 조리기구나 재료를 시험장 내에 지참할 수 없습니다.
❸ 지급재료는 시험 전 확인하여 이상이 있을 경우 시험위원으로부터 조치를 받고 시험 중에는 재료의 교환 및 추가 지급은 하지 않습니다.
❹ 요구사항의 규격은 "정도"의 의미를 포함하며, 지급된 재료의 크기에 따라 가감하여 채점합니다.
❺ 위생복, 위생모, 앞치마를 착용하여야 하며, 시험장비 · 조리도구 취급 등 안전에 유의합니다.
❻ 다음 사항에 대해서는 채점대상에서 제외하니 특히 유의하시기 바랍니다.
가) 기권- 수험자 본인이 시험 도중 시험에 대한 포기 의사를 표현하는 경우
나) 실격- (1) 가스레인지 화구 2개 이상(2개 포함) 사용한 경우
(2) 불을 사용하여 만든 조리작품이 작품특성에 벗어나는 정도로 타거나 익지 않은 경우
(3) 위생복, 위생모, 앞치마를 착용하지 않은 경우
(4) 시험 중 시설 · 장비(칼, 가스레인지 등) 사용 시 감독위원 및 타 수험자의 시험 진행에 위협이 될 것으로 감독위원 전원이 합의하여 판단한 경우
다) 미완성- (1) 시험시간 내에 과제 두 가지를 제출하지 못한 경우
(2) 문제의 요구사항대로 과제의 수량이 만들어지지 않은 경우
라) 오작- (1) 구이를 조림 등으로 조리하여 완성품을 요구사항과 다르게 만든 경우
(2) 해당 과제의 지급재료 이외의 재료를 사용하거나 석쇠 등 요구사항의 조리도구를 사용하지 않은 경우
마) 요구사항에 표시된 실격, 미완성, 오작에 해당하는 경우
❼ 항목별 배점은 위생상태 및 안전관리 5점, 조리기술 30점, 작품의 평가 15점입니다.
❽ 시험시작 전 가벼운 몸 풀기(스트레칭) 동작으로 긴장을 풀고 시험을 시작합니다.

만드는 방법

❶ 끓는 물에 스파게티 면을 넣고 10분간 삶은 후 찬물에 헹구어 1.2㎝ 정도로 자른다.
❷ 양파, 당근, 셀러리, 무, 양배추를 1.2×1.2×0.2㎝로 썰어 접시에 담고, 감자는 같은 크기로 썰어 물에 담가둔다.
❸ 토마토는 꼭지를 따고 등에 열십자로 칼집을 낸 후 잠깐 데치고 건져서 찬물에 식힌다.
❹ 껍질과 씨를 제거한 토마토는 0.2㎝ 크기로 자르고, 스트링빈스는 1.2㎝로 썰고, 파슬리는 곱게 다져 물에 헹구어 물기를 제거한다.
❺ 일부 양파조각에 월계수잎, 정향을 꽂아 부케가르니를 만들고, 마늘은 다진다.
❻ 냄비에 버터를 두르고 가열하여 당근, 양파, 무, 셀러리, 양배추, 감자 순으로 볶는다.
❼ ⑥에 완두콩, 스트링빈스, 토마토 페이스트를 넣어 떫은맛이 없어질 때까지(5분 이상 소요됨) 볶다가 스톡과 부케가르니를 넣어 끓이다가 농도가 어느 정도 나면 부케가르니를 건져내고, 토마토와 스파게티를 넣고 거품을 제거하고 소금, 후추로 간을 한다.
❽ 완성 그릇에 담고 파슬리가루를 뿌린다.

1. 이탈리아 수프의 한 종류로 야채 수프와 거의 같으며 다른 점은 제일 나중에 파스타(스파게티 국수)를 삶아서 넣어 주는데 극히 적은 양이다.
2. 파스타는 끓는 물에 식용유 약간과 소금을 넣어 15분 정도 삶아서 냉수에 헹구지 말고 그대로 체에 걸러 사용한다.
3. 파스타 양이 적을 경우는 수프가 거의 끓어갈 때 1.2㎝로 잘라서 넣어 끓이기도 한다.

수프(Soup)

수프의 총칭은 포타지(Potag)라고 부른다. 불어에서 나온 용어인데, 어원적으로 보면 Pot에서 익힌 요리라는 의미와 얇게 썰어 빵 위에 국물을 부어 먹었다는(Tremper La Soupe) 두 단어의 합성어로 Potage라고 쓰인다. 이후 18세기경에 포타지는 Soupe(불어), Soup(영어)으로 공통적으로 불리게 되었다.

수프는 육류, 생선, 뼈, 채소 등을 단독 또는 결합하여 향신료를 넣어 찬물에 약한 불로 천천히 삶아 우려낸 국물(육수)을 기초로 하여 만든 국물이 있는 요리이다. 서양요리에는 국물이 주가 되는 것과 건더기가 주가 되는 수프가 있는데, 뒤따르는 주요리에 잘 맞아야 한다.

가벼운 콘소메 수프는 식욕을 촉진하고 건더기가 많은 헝가리안 그라시 수프는 위를 채워 주기 때문에 주요리로 대용되기도 한다. 일본에는 수프가 '다시' 로 불리는데 계절에 따라 알맞은 건더기를 넣어 먹기도 한다. 일본은 육식이 적은 나라이므로 생선에서 우려낸 다시를 많이 사용한다. 중국에서는 수프를 '탕' 이라 하는데 동물성 육수가 주재료인 혼탕과 채소만 사용하는 소탕이 있다.

수프는 어느 나라든지 주요리 먹기 전에 먹는 식욕촉진 역할을 하고 있다. 프랑스에서도 옛날에 수프가 중간에 제공되곤 했는데, 에스코피에가 주요리 전에 먹는 것으로 규정지었다.

수프는 일반적으로 질기거나 양이 너무 많으면 안 된다. 진한 수프는 담백한 생선요리에 알맞고 고기요리엔 맑은 콘소메수프가 이상적이긴 하나 동양 사람들은 입맛이 서양과 달라 진한 수프를 선호하는 경향이 많다.

Potato Cream Soup
포테이토 크림 수프

시험시간
30분

지급 재료

- 감자(200g 정도) 1개 • 대파 1토막(흰부분 10cm) • 양파 중(150g 정도) 1/4개
- 버터(무염) 15g • 치킨스톡 270ml(물로 대체 가능)
- 생크림(조리용) 20ml • 식빵(샌드위치용) 1조각 • 소금(정제염) 2g
- 흰후춧가루 1g • 월계수잎 1잎

요구사항

주어진 재료를 사용하여 다음과 같이 포테이토 크림 수프를 만드시오.

❶ 크루통(crouton)의 크기는 사방 0.8cm~1cm 정도로 만들어 버터에 볶아 수프에 띄우시오.
❷ 익힌 감자는 체에 내려 사용하시오.
❸ 수프의 색과 농도에 유의하고 200ml 이상 제출하시오.

수검자 유의사항

❶ 만드는 순서에 유의하며, 위생과 숙련된 기능평가를 위하여 조리작업 시 맛을 보지 않습니다.
❷ 지정된 수험자 지참 준비물 이외의 조리기구나 재료를 시험장 내에 지참할 수 없습니다.
❸ 지급재료는 시험 전 확인하여 이상이 있을 경우 시험위원으로부터 조치를 받고 시험 중에는 재료의 교환 및 추가지급은 하지 않습니다.
❹ 요구사항의 규격은 "정도"의 의미를 포함하며, 지급된 재료의 크기에 따라 가감하여 채점합니다.
❺ 위생복, 위생모, 앞치마를 착용하여야 하며, 시험장비 · 조리도구 취급 등 안전에 유의합니다.
❻ 다음 사항에 대해서는 채점대상에서 제외하니 특히 유의하시기 바랍니다.
가) 기권- 수험자 본인이 시험 도중 시험에 대한 포기 의사를 표현하는 경우
나) 실격- (1) 가스레인지 화구 2개 이상(2개 포함) 사용한 경우
(2) 불을 사용하여 만든 조리작품이 작품특성에 벗어나는 정도로 타거나 익지 않은 경우
(3) 위생복, 위생모, 앞치마를 착용하지 않은 경우
(4) 시험 중 시설 · 장비(칼, 가스레인지 등) 사용 시 감독위원 및 타 수험자의 시험 진행에 위협이 될 것으로 감독 위원 전원이 합의하여 판단한 경우
다) 미완성- (1) 시험시간 내에 과제 두 가지를 제출하지 못한 경우
(2) 문제의 요구사항대로 과제의 수량이 만들어지지 않은 경우
라) 오작- (1) 구이를 조림 등으로 조리하여 완성품을 요구사항과 다르게 만든 경우
(2) 해당 과제의 지급재료 이외의 재료를 사용하거나 석쇠 등 요구사항의 조리도구를 사용하지 않은 경우
마) 요구사항에 표시된 실격, 미완성, 오작에 해당하는 경우
❼ 항목별 배점은 위생상태 및 안전관리 5점, 조리기술 30점, 작품의 평가 15점입니다.
❽ 시험시작 전 가벼운 몸 풀기(스트레칭) 동작으로 긴장을 풀고 시험을 시작합니다.

만드는 방법

❶ 감자는 껍질을 벗겨서 얇게 썬 후 물에 헹군다.
❷ 양파, 대파는 얇게 썰어서 냄비에 버터를 넣고 감자와 함께 볶아서 육수를 붓고 월계수잎을 넣어 뚜껑을 덮고 푹 끓인 다음 월계수잎은 건진다.
❸ 다른 냄비에 익힌 감자를 체에 내려 육수로 농도를 조절하면서 다시 한 번 끓인다.
❹ ③에 생크림을 넣어 맛을 낸 후 불을 끄고 난황을 풀어 잘 섞어 준다.
❺ 소금, 후추로 간을 한 후 그릇에 담고 크루통을 얹어 준다.

TIP

1. 달걀노른자는 불을 끄고 한 김 나간 후에 넣어주어야 한다. 그렇지 않으면 익어서 수프가 깔끔하지 못하고 부드럽지도 않다.
2. 크루통을 띄울 때 미리 얹게 되면 수분을 흡수하므로 크기가 커지고 수프의 농도가 되직해지며 양이 줄어들기 때문에 제출 직전에 띄워낸다.

Beef Stew
비프 스튜

시험시간
40분

지급 재료

- 소고기(살코기) 100g(덩어리)
- 당근 70g(둥근 모양이 유지되게 등분) • 양파 중(150g 정도) 1/4개
- 셀러리 30g • 감자(150g 정도) 1/3개 • 마늘 중(깐 것) 1쪽
- 토마토 페이스트 20g • 밀가루(중력분) 25g • 버터(무염) 30g
- 소금(정제염) 2g • 검은후춧가루 2g • 파슬리(잎, 줄기 포함) 1줄기
- 월계수잎 1잎 • 정향 1개

요구사항

주어진 재료를 사용하여 다음과 같이 비프 스튜를 만드시오.

❶ 완성된 소고기와 채소의 크기는 1.8cm 정도의 정육면체로 하시오.
❷ 브라운 루(Brown roux)를 만들어 사용하시오.
❸ 파슬리 다진 것을 뿌려내시오.

수검자 유의사항

❶ 만드는 순서에 유의하며, 위생과 숙련된 기능평가를 위하여 조리작업 시 맛을 보지 않습니다.
❷ 지정된 수험자 지참 준비물 이외의 조리기구나 재료를 시험장 내에 지참할 수 없습니다.
❸ 지급재료는 시험 전 확인하여 이상이 있을 경우 시험위원으로부터 조치를 받고 시험 중에는 재료의 교환 및 추가지급은 하지 않습니다.
❹ 요구사항의 규격은 "정도"의 의미를 포함하며, 지급된 재료의 크기에 따라 가감하여 채점합니다.
❺ 위생복, 위생모, 앞치마를 착용하여야 하며, 시험장비 · 조리도구 취급 등 안전에 유의합니다.
❻ 다음 사항에 대해서는 채점대상에서 제외하니 특히 유의하시기 바랍니다.
가) 기권– 수험자 본인이 시험 도중 시험에 대한 포기 의사를 표현하는 경우
나) 실격– (1) 가스레인지 화구 2개 이상(2개 포함) 사용한 경우
(2) 불을 사용하여 만든 조리작품이 작품특성에 벗어나는 정도로 타거나 익지 않은 경우
(3) 위생복, 위생모, 앞치마를 착용하지 않은 경우
(4) 시험 중 시설 · 장비(칼, 가스레인지 등) 사용 시 감독위원 및 타 수험자의 시험 진행에 위협이 될 것으로 감독 위원 전원이 합의하여 판단한 경우
다) 미완성– (1) 시험시간 내에 과제 두 가지를 제출하지 못한 경우
(2) 문제의 요구사항대로 과제의 수량이 만들어지지 않은 경우
라) 오작– (1) 구이를 조림 등으로 조리하여 완성품을 요구사항과 다르게 만든 경우
(2) 해당 과제의 지급재료 이외의 재료를 사용하거나 석쇠 등 요구사항의 조리도구를 사용하지 않은 경우
마) 요구사항에 표시된 실격, 미완성, 오작에 해당하는 경우
❼ 항목별 배점은 위생상태 및 안전관리 5점, 조리기술 30점, 작품의 평가 15점입니다.
❽ 시험시작 전 가벼운 몸 풀기(스트레칭) 동작으로 긴장을 풀고 시험을 시작합니다.

만드는 방법

❶ 쇠고기는 2㎝ 정도의 육면체로 썰고, 야채도 같은 크기로 썰어 모서리를 다듬고, 마늘은 다진다.
❷ 팬에 오일을 두르고 쇠고기를 갈색이 나게 볶고 마늘, 야채를 넣고 볶아 준비한다.
❸ 냄비에 버터, 밀가루를 넣고 볶아 브라운 루를 만든다.
❹ ③에 토마토 페이스트를 넣어 살짝 볶고 브라운 스톡을 조금씩 넣으면서 풀어주고 볶은 야채와 쇠고기를 넣고 부케가르니를 넣어 끓인다.
❺ 다 끓여지면 소금, 후추로 간을 하고 부케가르니를 건져낸 후 그릇에 담고 파슬리 가루를 뿌려준다.

TIP

1. 서양식 쇠고기 찌개의 일종으로 야채와 함께 볶다가 토마토 페이스트를 넣고 고기의 느끼한 맛을 없게 한다.
2. 야채나 고기의 크기가 큼직해서 오래 끓여주는 음식이지만 시험시간의 관계로 작은 크기로 썰었고, 원래는 쇠고기 사태나 양지를 사용하지만 빨리 익히기 위해서 등심으로 한다.

Barbecue Porkchop
바비큐 폭찹

시험시간
40분

지급 재료

- 돼지갈비(살두께 5cm 이상, 뼈를 포함한 길이 10cm) 200g
- 토마토케첩 30g • 우스터 소스 5ml • 황설탕 10g • 양파 중(150g 정도) 1/4개
- 소금(정제염) 2g • 검은후춧가루 2g • 셀러리 30g • 핫소스 5ml
- 버터(무염) 10g • 식초 10ml • 월계수잎 1잎 • 밀가루(중력분) 10g
- 레몬 1/6개(길이(장축)로 등분) • 마늘 중(깐 것) 1쪽
- 비프스톡(육수) 200ml(물로 대체 가능) • 식용유 30ml

요구사항

주어진 재료를 사용하여 다음과 같이 바비큐 폭찹을 만드시오.

❶ 고기는 뼈가 붙은 채로 사용하고 고기의 두께는 1cm 정도로 하시오.
❷ 양파, 셀러리, 마늘은 다져 소스로 만드시오.
❸ 완성된 소스는 농도에 유의하고 윤기가 나도록 하시오.

수검자 유의사항

❶ 만드는 순서에 유의하며, 위생과 숙련된 기능평가를 위하여 조리작업 시 맛을 보지 않습니다.
❷ 지정된 수험자 지참 준비물 이외의 조리기구나 재료를 시험장 내에 지참할 수 없습니다.
❸ 지급재료는 시험 전 확인하여 이상이 있을 경우 시험위원으로부터 조치를 받고 시험 중에는 재료의 교환 및 추가지급은 하지 않습니다.
❹ 요구사항의 규격은 "정도"의 의미를 포함하며, 지급된 재료의 크기에 따라 가감하여 채점합니다.
❺ 위생복, 위생모, 앞치마를 착용하여야 하며, 시험장비 · 조리도구 취급 등 안전에 유의합니다.
❻ 다음 사항에 대해서는 채점대상에서 제외하니 특히 유의하시기 바랍니다.
가) 기권- 수험자 본인이 시험 도중 시험에 대한 포기 의사를 표현하는 경우
나) 실격- (1) 가스레인지 화구 2개 이상(2개 포함) 사용한 경우
(2) 불을 사용하여 만든 조리작품이 작품특성에 벗어나는 정도로 타거나 익지 않은 경우
(3) 위생복, 위생모, 앞치마를 착용하지 않은 경우
(4) 시험 중 시설 · 장비(칼, 가스레인지 등) 사용 시 감독위원 및 타 수험자의 시험 진행에 위협이 될 것으로 감독 위원 전원이 합의하여 판단한 경우
다) 미완성- (1) 시험시간 내에 과제 두 가지를 제출하지 못한 경우
(2) 문제의 요구사항대로 과제의 수량이 만들어지지 않은 경우
라) 오작- (1) 구이를 조림 등으로 조리하여 완성품을 요구사항과 다르게 만든 경우
(2) 해당 과제의 지급재료 이외의 재료를 사용하거나 석쇠 등 요구사항의 조리도구를 사용하지 않은 경우
마) 요구사항에 표시된 실격, 미완성, 오작에 해당하는 경우
❼ 항목별 배점은 위생상태 및 안전관리 5점, 조리기술 30점, 작품의 평가 15점입니다.
❽ 시험시작 전 가벼운 몸 풀기(스트레칭) 동작으로 긴장을 풀고 시험을 시작합니다.

만드는 방법

❶ 돼지갈비는 물에 깨끗이 씻은 후 기름을 제거하고 힘줄, 뼈와 살이 붙어 있는 곳에 칼집을 넣어 소금, 후추를 뿌려 밀가루를 묻힌 후 프라이팬에서 갈색이 나도록 굽는다.
❷ 마늘은 다진다.
❸ 양파, 셀러리는 작은 주사위 모양(0.5㎝)으로 썬다.
❹ 냄비를 뜨겁게 한 후 버터를 넣고 양파, 셀러리를 볶은 후 토마토 소스, 토마토 케첩, 우스터 소스, 황설탕, 식초, 핫소스를 넣고 끓으면 돼지갈비를 넣고 푹 익힌다.
❺ 익힌 돼지갈비를 접시에 담고 소스의 기름을 걷어내고 농도와 맛을 다시 조절하여 갈비 위에 끼얹는다.

1. 바비큐는 원래 통째로 구워먹는 요리라는 의미를 가지지만, 크게 분류하면 실내 바비큐와 실외 바비큐로 나누어진다.
2. 바비큐 폭찹은 실내 바비큐이다. 팬에 고기를 구워 지방질은 빼내고 토마토케첩과 설탕, 식초, 야채 등을 넣어 끓여서 구워진 고기를 조려낸 요리이다.

Chicken A'la King
치킨 알라킹

시험시간
30분

지급 재료

- 닭다리(한 마리 1.2kg 정도(허벅지살 포함)) 1개 • 청피망 중(75g 정도) 1/4개
- 홍피망 중(75g 정도) 1/6개 • 양파 중(150g 정도) 1/6개 • 양송이 20g(2개) • 버터(무염) 20g
- 밀가루(중력분) 15g • 우유 150ml • 정향 1개 • 생크림(조리용) 20ml
- 소금(정제염) 2g • 흰후춧가루 2g • 월계수잎 1잎

요구사항

주어진 재료를 사용하여 다음과 같이 치킨 알라킹을 만드시오.

❶ 완성된 닭고기와 채소, 버섯의 크기는 1.8cm×1.8cm 정도로 균일하게 하시오.
❷ 닭뼈를 이용하여 치킨 육수를 만들어 사용하시오.
❸ 화이트 루(roux)를 이용하여 베샤멜 소스(bechamel sauce)를 만들어 사용하시오.

수검자 유의사항

❶ 만드는 순서에 유의하며, 위생과 숙련된 기능평가를 위하여 조리작업 시 맛을 보지 않습니다.
❷ 지정된 수험자 지참 준비물 이외의 조리기구나 재료를 시험장 내에 지참할 수 없습니다.
❸ 지급재료는 시험 전 확인하여 이상이 있을 경우 시험위원으로부터 조치를 받고 시험 중에는 재료의 교환 및 추가지급은 하지 않습니다.
❹ 요구사항의 규격은 "정도"의 의미를 포함하며, 지급된 재료의 크기에 따라 가감하여 채점합니다.
❺ 위생복, 위생모, 앞치마를 착용하여야 하며, 시험장비 · 조리도구 취급 등 안전에 유의합니다.
❻ 다음 사항에 대해서는 채점대상에서 제외하니 특히 유의하시기 바랍니다.
가) 기권- 수험자 본인이 시험 도중 시험에 대한 포기 의사를 표현하는 경우
나) 실격- (1) 가스레인지 화구 2개 이상(2개 포함) 사용한 경우
(2) 불을 사용하여 만든 조리작품이 작품특성에 벗어나는 정도로 타거나 익지 않은 경우
(3) 위생복, 위생모, 앞치마를 착용하지 않은 경우
(4) 시험 중 시설 · 장비(칼, 가스레인지 등) 사용 시 감독위원 및 타 수험자의 시험 진행에 위협이 될 것으로 감독 위원 전원이 합의하여 판단한 경우
다) 미완성- (1) 시험시간 내에 과제 두 가지를 제출하지 못한 경우
(2) 문제의 요구사항대로 과제의 수량이 만들어지지 않은 경우
라) 오작- (1) 구이를 조림 등으로 조리하여 완성품을 요구사항과 다르게 만든 경우
(2) 해당 과제의 지급재료 이외의 재료를 사용하거나 석쇠 등 요구사항의 조리도구를 사용하지 않은 경우
마) 요구사항에 표시된 실격, 미완성, 오작에 해당하는 경우
❼ 항목별 배점은 위생상태 및 안전관리 5점, 조리기술 30점, 작품의 평가 15점입니다.
❽ 시험시작 전 가벼운 몸 풀기(스트레칭) 동작으로 긴장을 풀고 시험을 시작합니다.

만드는 방법

❶ 닭고기는 포를 떠서 살만 발라내고 껍질을 버리고 살은 사방 2㎝ 크기로 썰어서 닭뼈와 정향, 월계수잎, 물 2컵을 이용해서 만든 치킨스톡(Chicken stock)에 익혀낸다.
❷ 양송이는 두껍게 슬라이스하고 양파와 청홍피망은 2㎝ 정도의 크기로 자른 다음 버터에 살짝 볶는다.
❸ 냄비에 버터를 녹여 밀가루를 넣고 화이트 루를 만든 다음, 우유를 넣어 화이트 소스를 만들고 필요하면 살짝 볶는다.
❹ 익힌 닭고기, 양송이, 청홍피망, 정향을 소스에 넣고 끓여준 후 소금, 후추로 간을 한 후 접시에 담는다.

1. A'la King은 '왕처럼'이란 뜻으로 아마도 왕이 먹던 요리가 아닌가 싶다.
2. 중요한 것은 닭고기를 삶아서 해야 한다. 그래야 부드럽게 먹을 수 있다.
3. 닭고기 삶은 물은 스톡으로 대용할 수 있다.

Sirloin Steak
서로인 스테이크

시험시간
30분

지급 재료

- 소고기(등심) 200g(덩어리) • 감자(150g 정도) 1/2개
- 당근 70g(둥근 모양이 유지되게 등분) • 시금치 70g • 소금(정제염) 2g
- 검은후춧가루 1g • 식용유 150ml • 버터(무염) 50g • 백설탕 25g
- 양파 중(150g 정도) 1/6개

요구사항

주어진 재료를 사용하여 다음과 같이 서로인 스테이크를 만드시오.

❶ 스테이크는 미디엄(medium)으로 구우시오.
❷ 더운 채소(당근, 감자, 시금치)를 각각 모양 있게 만들어 함께 내시오.

수검자 유의사항

❶ 만드는 순서에 유의하며, 위생과 숙련된 기능평가를 위하여 조리작업 시 맛을 보지 않습니다.
❷ 지정된 수험자 지참 준비물 이외의 조리기구나 재료를 시험장 내에 지참할 수 없습니다.
❸ 지급재료는 시험 전 확인하여 이상이 있을 경우 시험위원으로부터 조치를 받고 시험 중에는 재료의 교환 및 추가지급은 하지 않습니다.
❹ 요구사항의 규격은 "정도"의 의미를 포함하며, 지급된 재료의 크기에 따라 가감하여 채점합니다.
❺ 위생복, 위생모, 앞치마를 착용하여야 하며, 시험장비 · 조리도구 취급 등 안전에 유의합니다.
❻ 다음 사항에 대해서는 채점대상에서 제외하니 특히 유의하시기 바랍니다.
가) 기권– 수험자 본인이 시험 도중 시험에 대한 포기 의사를 표현하는 경우
나) 실격– (1) 가스레인지 화구 2개 이상(2개 포함) 사용한 경우
(2) 불을 사용하여 만든 조리작품이 작품특성에 벗어나는 정도로 타거나 익지 않은 경우
(3) 위생복, 위생모, 앞치마를 착용하지 않은 경우
(4) 시험 중 시설 · 장비(칼, 가스레인지 등) 사용 시 감독위원 및 타 수험자의 시험 진행에 위협이 될 것으로 감독 위원 전원이 합의하여 판단한 경우
다) 미완성– (1) 시험시간 내에 과제 두 가지를 제출하지 못한 경우
(2) 문제의 요구사항대로 과제의 수량이 만들어지지 않은 경우
라) 오작– (1) 구이를 조림 등으로 조리하여 완성품을 요구사항과 다르게 만든 경우
(2) 해당 과제의 지급재료 이외의 재료를 사용하거나 석쇠 등 요구사항의 조리도구를 사용하지 않은 경우
마) 요구사항에 표시된 실격, 미완성, 오작에 해당하는 경우
❼ 항목별 배점은 위생상태 및 안전관리 5점, 조리기술 30점, 작품의 평가 15점입니다.
❽ 시험시작 전 가벼운 몸 풀기(스트레칭) 동작으로 긴장을 풀고 시험을 시작합니다.

만드는 방법

❶ 감자는 두께 1㎝, 길이 4~5㎝ 정도로 썰어(프렌치 모양) 삶은 후 물기를 빼서 기름에 노릇노릇하게 튀긴다.
❷ 시금치는 다듬어 데쳐서 식힌 다음, 물기를 짜서 다진 양파와 함께 볶는다.
❸ 당근은 비시(Vichy) 스타일로 썰어, 냄비에 버터를 넣고 당근, 설탕, 스톡, 레몬즙을 넣고 끓여 조려서 즙이 거의 없도록 한 다음 파슬리 다진 것을 뿌려서 준비한다.
❹ 쇠고기 등심에 소금, 후추로 간을 한 후 팬에 식용유와 버터를 넣고 프라이팬이나 오븐에 갈색이 나도록 구워 접시에 담는다.
❺ 접시에 서로인 스테이크를 담고, 감자튀김, 시금치 버터볶음, 당근 삶은 글라세(Glace)를 곁들여 담는다.

TIP

1. Steak는 서양요리에서 빼놓을 수 없는 주요리이다. 부위에 따라서 맛이 다르지만 개인의 취향에 따라 선택하면 된다.
2. Midium으로 익히기에는 가운데가 약간 덜 익히는 것이 좋다.

Salisbury Steak
살리스버리 스테이크

지급 재료

- 소고기(살코기) 130g(갈은 것) • 양파 중(150g 정도) 1/6개 • 달걀 1개
- 우유 10ml • 빵가루(마른 것) 20g • 소금(정제염) 2g • 검은후춧가루 2g
- 식용유 150ml • 감자(150g 정도) 1/2개 • 당근 70g(둥근 모양이 유지되게 등분)
- 시금치 70g • 백설탕 25g • 버터(무염) 50g

요구사항

주어진 재료를 사용하여 다음과 같이 살리스버리 스테이크를 만드시오.

❶ 살리스버리 스테이크는 타원형으로 만들어 고기 앞, 뒤의 색을 갈색으로 구우시오.
❷ 더운 채소(당근, 감자, 시금치)를 각각 모양 있게 만들어 곁들여 내시오.

수검자 유의사항

❶ 만드는 순서에 유의하며, 위생과 숙련된 기능평가를 위하여 조리작업 시 맛을 보지 않습니다.
❷ 지정된 수험자 지참 준비물 이외의 조리기구나 재료를 시험장 내에 지참할 수 없습니다.
❸ 지급재료는 시험 전 확인하여 이상이 있을 경우 시험위원으로부터 조치를 받고 시험 중에는 재료의 교환 및 추가지급은 하지 않습니다.
❹ 요구사항의 규격은 "정도"의 의미를 포함하며, 지급된 재료의 크기에 따라 가감하여 채점합니다.
❺ 위생복, 위생모, 앞치마를 착용하여야 하며, 시험장비 · 조리도구 취급 등 안전에 유의합니다.
❻ 다음 사항에 대해서는 채점대상에서 제외하니 특히 유의하시기 바랍니다.
가) 기권- 수험자 본인이 시험 도중 시험에 대한 포기 의사를 표현하는 경우
나) 실격- (1) 가스레인지 화구 2개 이상(2개 포함) 사용한 경우
(2) 불을 사용하여 만든 조리작품이 작품특성에 벗어나는 정도로 타거나 익지 않은 경우
(3) 위생복, 위생모, 앞치마를 착용하지 않은 경우
(4) 시험 중 시설 · 장비(칼, 가스레인지 등) 사용 시 감독위원 및 타 수험자의 시험 진행에 위협이 될 것으로 감독 위원 전원이 합의하여 판단한 경우
다) 미완성- (1) 시험시간 내에 과제 두 가지를 제출하지 못한 경우
(2) 문제의 요구사항대로 과제의 수량이 만들어지지 않은 경우
라) 오작- (1) 구이를 조림 등으로 조리하여 완성품을 요구사항과 다르게 만든 경우
(2) 해당 과제의 지급재료 이외의 재료를 사용하거나 석쇠 등 요구사항의 조리도구를 사용하지 않은 경우
마) 요구사항에 표시된 실격, 미완성, 오작에 해당하는 경우
❼ 항목별 배점은 위생상태 및 안전관리 5점, 조리기술 30점, 작품의 평가 15점입니다.
❽ 시험시작 전 가벼운 몸 풀기(스트레칭) 동작으로 긴장을 풀고 시험을 시작합니다.

만드는 방법

❶ 감자는 두께 1㎝, 길이 4~5㎝로 썰어 삶아 물기를 빼고 기름에 노릇노릇하게 튀긴다.
❷ 시금치는 다듬어 데쳐서 식혀 물기를 짜고 다진 양파와 함께 볶는다.
❸ 당근은 비시(Vichy)로 잘라 냄비에 버터를 넣고 당근, 설탕, 스톡, 레몬즙을 넣어 끓여 조려서 즙이 거의 없도록 한 다음 파슬리 찹을 뿌린다.
❹ 양파 셀러리는 곱게 다져서 볶아 식힌다.
❺ 그릇에 쇠고기 간 것, 양파, 셀러리, 빵가루, 우유, 달걀, 소금, 후추를 넣고 잘 섞이도록 치대어 타원형으로 만든다.
❻ 프라이팬이 뜨거워지면 식용유를 두르고, 쇠고기 등심을 넣어 앞뒤로 갈색이 나게 잘 익힌다.
❼ 접시에 스테이크를 담고 감자튀김, 시금치 볶음, 당근 삶은 글라세를 곁들여 담는다.

TIP

1. 햄버거 스테이크와 다른 점은 모양이 타원형이다.
2. 팬에서 익힐 때 한 면만 색을 내고 뒤집어서 뚜껑을 닫아 열을 차단시켜 중불에서 서서히 익힌다.
3. 반죽은 오래 치대어 끈기가 있어야 익혔을 때 부서지지 않는다.

Chicken Cutlet
치킨 커틀릿

시험시간
30분

지급 재료

- 닭다리(한 마리 1.2kg 정도(허벅지살 포함)) 1개 • 달걀 1개 • 밀가루(중력분) 30g
- 빵가루(마른 것) 50g • 소금(정제염) 2g • 검은후춧가루 2g • 식용유 500ml
- 냅킨(흰색, 기름제거용) 2장

요구사항

주어진 재료를 사용하여 다음과 같이 치킨 커틀릿을 만드시오.

❶ 닭은 껍질째 사용하시오.
❷ 완성된 커틀릿의 색에 유의하고 두께는 1cm 정도로 하시오.
❸ 딥팻후라이(deep fat frying)로 하시오.

수검자 유의사항

❶ 만드는 순서에 유의하며, 위생과 숙련된 기능평가를 위하여 조리작업 시 맛을 보지 않습니다.
❷ 지정된 수험자 지참 준비물 이외의 조리기구나 재료를 시험장 내에 지참할 수 없습니다.
❸ 지급재료는 시험 전 확인하여 이상이 있을 경우 시험위원으로부터 조치를 받고 시험 중에는 재료의 교환 및 추가지급은 하지 않습니다.
❹ 요구사항의 규격은 "정도"의 의미를 포함하며, 지급된 재료의 크기에 따라 가감하여 채점합니다.
❺ 위생복, 위생모, 앞치마를 착용하여야 하며, 시험장비 · 조리도구 취급 등 안전에 유의합니다.
❻ 다음 사항에 대해서는 채점대상에서 제외하니 특히 유의하시기 바랍니다.
  가) 기권– 수험자 본인이 시험 도중 시험에 대한 포기 의사를 표현하는 경우
  나) 실격– (1) 가스레인지 화구 2개 이상(2개 포함) 사용한 경우
    (2) 불을 사용하여 만든 조리작품이 작품특성에 벗어나는 정도로 타거나 익지 않은 경우
    (3) 위생복, 위생모, 앞치마를 착용하지 않은 경우
    (4) 시험 중 시설 · 장비(칼, 가스레인지 등) 사용 시 감독위원 및 타 수험자의 시험 진행에 위협이 될 것으로 감독 위원 전원이 합의하여 판단한 경우
  다) 미완성– (1) 시험시간 내에 과제 두 가지를 제출하지 못한 경우
    (2) 문제의 요구사항대로 과제의 수량이 만들어지지 않은 경우
  라) 오작– (1) 구이를 조림 등으로 조리하여 완성품을 요구사항과 다르게 만든 경우
    (2) 해당 과제의 지급재료 이외의 재료를 사용하거나 석쇠 등 요구사항의 조리도구를 사용하지 않은 경우
  마) 요구사항에 표시된 실격, 미완성, 오작에 해당하는 경우
❼ 항목별 배점은 위생상태 및 안전관리 5점, 조리기술 30점, 작품의 평가 15점입니다.
❽ 시험시작 전 가벼운 몸 풀기(스트레칭) 동작으로 긴장을 풀고 시험을 시작합니다.

만드는 방법

❶ 닭을 깨끗이 손질하여 뼈를 발라내고 얇게 저며(0.7㎝ 정도) 소금, 후추로 간을 한다.
❷ 닭고기를 밀가루, 달걀, 빵가루의 순서로 튀김옷을 입힌다.
❸ 160~180℃ 온도의 식용유에 황금색으로 튀겨낸다.

TIP

1. 180℃의 식용유에 튀겨낸다.
2. 두께가 너무 두꺼우면 디기가 쉽다.
3. 닭고기 손질을 할 때는 두들겨 주면서 칼끝으로 찔러서 힘줄을 끊어주어야 튀겼을 때 오그라들지 않는다.
4. 튀겼을 때 색깔이 황금색(Gold brown)이 되도록 한다.

Waldorf Salad
월도프 샐러드

시험시간
20분

지급 재료

- 사과(200~250g 정도) 1개 • 셀러리 30g • 호두 중(겉껍질 제거한 것) 2개
- 레몬 1/4개(길이(장축)로 등분) • 소금(정제염) 2g • 흰후춧가루 1g
- 마요네즈 60g • 양상추 20g(2잎 정도, 잎상추로 대체 가능)
- 이쑤시개 1개

요구사항

주어진 재료를 사용하여 다음과 같이 월도프 샐러드를 만드시오.

❶ 사과, 셀러리, 호두알을 사방 1cm 정도의 크기로 써시오.
❷ 사과의 껍질을 벗겨 변색되지 않게 하고, 호두알의 속껍질을 벗겨 사용하시오.
❸ 상추 위에 월도프 샐러드를 담아내시오.

수검자 유의사항

❶ 만드는 순서에 유의하며, 위생과 숙련된 기능평가를 위하여 조리작업 시 맛을 보지 않습니다.
❷ 지정된 수험자 지참 준비물 이외의 조리기구나 재료를 시험장 내에 지참할 수 없습니다.
❸ 지급재료는 시험 전 확인하여 이상이 있을 경우 시험위원으로부터 조치를 받고 시험 중에는 재료의 교환 및 추가지급은 하지 않습니다.
❹ 요구사항의 규격은 "정도"의 의미를 포함하며, 지급된 재료의 크기에 따라 가감하여 채점합니다.
❺ 위생복, 위생모, 앞치마를 착용하여야 하며, 시험장비 · 조리도구 취급 등 안전에 유의합니다.
❻ 다음 사항에 대해서는 채점대상에서 제외하니 특히 유의하시기 바랍니다.
가) 기권– 수험자 본인이 시험 도중 시험에 대한 포기 의사를 표현하는 경우
나) 실격– (1) 가스레인지 화구 2개 이상(2개 포함) 사용한 경우
(2) 불을 사용하여 만든 조리작품이 작품특성에 벗어나는 정도로 타거나 익지 않은 경우
(3) 위생복, 위생모, 앞치마를 착용하지 않은 경우
(4) 시험 중 시설 · 장비(칼, 가스레인지 등) 사용 시 감독위원 및 타 수험자의 시험 진행에 위협이 될 것으로 감독 위원 전원이 합의하여 판단한 경우
다) 미완성– (1) 시험시간 내에 과제 두 가지를 제출하지 못한 경우
(2) 문제의 요구사항대로 과제의 수량이 만들어지지 않은 경우
라) 오작– (1) 구이를 조림 등으로 조리하여 완성품을 요구사항과 다르게 만든 경우
(2) 해당 과제의 지급재료 이외의 재료를 사용하거나 석쇠 등 요구사항의 조리도구를 사용하지 않은 경우
마) 요구사항에 표시된 실격, 미완성, 오작에 해당하는 경우
❼ 항목별 배점은 위생상태 및 안전관리 5점, 조리기술 30점, 작품의 평가 15점입니다.
❽ 시험시작 전 가벼운 몸 풀기(스트레칭) 동작으로 긴장을 풀고 시험을 시작합니다.

만드는 방법

❶ 호두는 미지근한 물에 불려 속껍질을 벗기고 1㎝ 정도의 주사위 모양으로 자른다.
❷ 셀러리도 껍질을 벗기고 1㎝ 정도의 주사위 모양으로 자른다.
❸ 사과의 껍질과 속을 제거하여 1㎝ 정도의 주사위 모양으로 자른 다음 설탕물에 담갔다가 건져 물기를 제거한다.
❹ 마요네즈에 설탕 약간과 레몬즙을 섞어 위의 재료들을 모두 넣어 버무린 후 접시에 양상추를 깔고 담는다.

TIP

1. 사과를 썰어 놓으면 색이 변하므로 소금이나 설탕을 넣은 찬물에 담갔다 건져 사용한다.
2. 호두는 미지근한 물에 불려야 껍질이 잘 벗겨진다.

Potato Salad
포테이토 샐러드

시험시간
30분

지급 재료

- 감자(150g 정도) 1개 • 양파 중(150g 정도) 1/6개 • 파슬리(잎, 줄기 포함) 1줄기
- 소금(정제염) 5g • 흰후춧가루 1g • 마요네즈 50g

요구사항

주어진 재료를 사용하여 다음과 같이 포테이토 샐러드를 만드시오.

❶ 감자는 껍질을 벗긴 후 1cm 정도의 정육면체로 썰어서 삶으시오.
❷ 양파는 곱게 다져 매운맛을 제거하시오.
❸ 파슬리는 다져서 사용하시오 .

수검자 유의사항

❶ 만드는 순서에 유의하며, 위생과 숙련된 기능평가를 위하여 조리작업 시 맛을 보지 않습니다.
❷ 지정된 수험자 지참 준비물 이외의 조리기구나 재료를 시험장 내에 지참할 수 없습니다.
❸ 지급재료는 시험 전 확인하여 이상이 있을 경우 시험위원으로부터 조치를 받고 시험 중에는 재료의 교환 및 추가지급은 하지 않습니다.
❹ 요구사항의 규격은 "정도"의 의미를 포함하며, 지급된 재료의 크기에 따라 가감하여 채점합니다.
❺ 위생복, 위생모, 앞치마를 착용하여야 하며, 시험장비 · 조리도구 취급 등 안전에 유의합니다.
❻ 다음 사항에 대해서는 채점대상에서 제외하니 특히 유의하시기 바랍니다.
가) 기권- 수험자 본인이 시험 도중 시험에 대한 포기 의사를 표현하는 경우
나) 실격- (1) 가스레인지 화구 2개 이상(2개 포함) 사용한 경우
(2) 불을 사용하여 만든 조리작품이 작품특성에 벗어나는 정도로 타거나 익지 않은 경우
(3) 위생복, 위생모, 앞치마를 착용하지 않은 경우
(4) 시험 중 시설 · 장비(칼, 가스레인지 등) 사용 시 감독위원 및 타 수험자의 시험 진행에 위협이 될 것으로 감독 위원 전원이 합의하여 판단한 경우
다) 미완성- (1) 시험시간 내에 과제 두 가지를 제출하지 못한 경우
(2) 문제의 요구사항대로 과제의 수량이 만들어지지 않은 경우
라) 오작- (1) 구이를 조림 등으로 조리하여 완성품을 요구사항과 다르게 만든 경우
(2) 해당 과제의 지급재료 이외의 재료를 사용하거나 석쇠 등 요구사항의 조리도구를 사용하지 않은 경우
마) 요구사항에 표시된 실격, 미완성, 오작에 해당하는 경우
❼ 항목별 배점은 위생상태 및 안전관리 5점, 조리기술 30점, 작품의 평가 15점입니다.
❽ 시험시작 전 가벼운 몸 풀기(스트레칭) 동작으로 긴장을 풀고 시험을 시작합니다.

만드는 방법

❶ 감자는 껍질을 벗겨 1㎝ 정도의 주사위 모양으로 잘라 삶아서 건져 식힌다.
❷ 양파와 파슬리는 각각 곱게 다진 다음 소창에 싸서 물에 헹구어 물기를 짠다.
❸ 용기에 위의 재료를 넣고 마요네즈를 넣어 잘 섞어서 접시에 담는다.

포테이토 샐러드는 원래 껍질째 찌거나 삶아서 껍질을 벗겨 1㎝의 정육면체로 썰어 사용해야 하지만, 빠른 시간에 하기 위해서 껍질을 벗긴 후 썰어서 삶아지면 여분의 물기를 따라내고 30초 정도만 뚜껑을 닫아서 수분을 제거한 후 사용한다.

Sea-food Salad
해산물 샐러드

시험시간
30분

지급 재료

- 새우 3마리(30~40g) • 관자살(개당 50~60g 정도) 1개(해동지급)
- 피홍합(길이 7cm 이상) 3개 • 중합(지름 3cm 정도) 3개 • 양파 중(150g 정도) 1/4개
- 마늘 중(깐 것) 1쪽 • 실파 1뿌리(20g) • 그린치커리 2줄기 • 양상추 10g
- 롤라로사(lollo Rossa) 2잎(잎상추로 대체 가능) • 올리브오일 20ml
- 레몬 1/4개(길이(장축)로 등분) • 식초 10ml • 딜 2줄기(fresh) • 월계수잎 1잎
- 셀러리 10g • 흰통후추 3개(검은통후추 대체 가능) • 소금(정제염) 5g
- 흰후춧가루 5g • 당근 15g(둥근 모양이 유지되게 등분) 15g

요구사항

주어진 재료를 사용하여 다음과 같이 해산물 샐러드를 만드시오.

❶ 미르포아(mirepoix), 향신료, 레몬을 이용하여 쿠르부용(court bouillon)을 만드시오.
❷ 해산물은 손질하여 쿠르부용(court bouillon)에 데쳐 사용하시오
❸ 샐러드 채소는 깨끗이 손질하여 싱싱하게 하시오.
❹ 레몬 비네그레트는 양파, 레몬즙, 올리브오일 등을 사용하여 만드시오.

수검자 유의사항

❶ 만드는 순서에 유의하며, 위생과 숙련된 기능평가를 위하여 조리작업 시 맛을 보지 않습니다.
❷ 지정된 수험자 지참 준비물 이외의 조리기구나 재료를 시험장 내에 지참할 수 없습니다.
❸ 지급재료는 시험 전 확인하여 이상이 있을 경우 시험위원으로부터 조치를 받고 시험 중에는 재료의 교환 및 추가지급은 하지 않습니다.
❹ 요구사항의 규격은 "정도"의 의미를 포함하며, 지급된 재료의 크기에 따라 가감하여 채점합니다.
❺ 위생복, 위생모, 앞치마를 착용하여야 하며, 시험장비 · 조리도구 취급 등 안전에 유의합니다.
❻ 다음 사항에 대해서는 채점대상에서 제외하니 특히 유의하시기 바랍니다.
가) 기권- 수험자 본인이 시험 도중 시험에 대한 포기 의사를 표현하는 경우
나) 실격- (1) 가스레인지 화구 2개 이상(2개 포함) 사용한 경우
(2) 불을 사용하여 만든 조리작품이 작품특성에 벗어나는 정도로 타거나 익지 않은 경우
(3) 위생복, 위생모, 앞치마를 착용하지 않은 경우
(4) 시험 중 시설 · 장비(칼, 가스레인지 등) 사용 시 감독위원 및 타 수험자의 시험 진행에 위협이 될 것으로 감독 위원 전원이 합의하여 판단한 경우
다) 미완성- (1) 시험시간 내에 과제 두 가지를 제출하지 못한 경우
(2) 문제의 요구사항대로 과제의 수량이 만들어지지 않은 경우
라) 오작- (1) 구이를 조림 등으로 조리하여 완성품을 요구사항과 다르게 만든 경우
(2) 해당 과제의 지급재료 이외의 재료를 사용하거나 석쇠 등 요구사항의 조리도구를 사용하지 않은 경우
마) 요구사항에 표시된 실격, 미완성, 오작에 해당하는 경우
❼ 항목별 배점은 위생상태 및 안전관리 5점, 조리기술 30점, 작품의 평가 15점입니다.
❽ 시험시작 전 가벼운 몸 풀기(스트레칭) 동작으로 긴장을 풀고 시험을 시작합니다.

만드는 방법

❶ 그린치커리, 롤라로사, 양상추, 그린비타민을 깨끗하게 씻어서 물에 담가 놓는다.
❷ 당근, 양파, 셀러리는 어슷 썰고 마늘은 으깨놓는다.
❸ 쿠르부용 준비하기 : 냄비에 마늘, 양파, 당근, 셀러리, 흰 통후추, 소금, 월계수잎, 레몬, 물 300㎖ 정도를 넣고서 끓인다. 끓은 육수는 채소를 걸러내어 쿠르부용을 준비한다.
❹ 관자는 껍질을 제거하고, 내장을 다듬어낸다. 냉동을 사용할 경우에는 손질이 거의 되어있는 상태이기 때문에 그냥 사용해도 된다. 홍합은 껍데기에 붙어있는 흡착이를 제거한다.
❺ 쿠르부용(채소육수)에 새우, 관자를 반쯤 잠기게 한 다음 먼저 데친 뒤 꺼내서 식힌다. 그리고 피홍합과 중합을 살짝 데쳐 익힌 다음 꺼내서 식힌다.
❻ 레몬 비네그레트 드레싱 준비하기 : 드레싱 볼에 레몬에서 짜낸 주스를 넣고 다진 마늘, 다진 딜, 식초, 소금, 후춧가루를 거품기로 저으면서 잘 섞은 다음, 올리브 오일을 조금씩 천천히 부어주면서 거품기로 잘 섞이도록 혼합한다.
❼ 데친 관자, 새우는 적당한 크기로 3등분한다. 중합과 홍합에서 껍데기를 제거한 다음 드레싱을 붓고 잘 버무린다.

❽ 레몬 제스트 만들기 : 레몬껍질 흰 부분을 제거하고 노란 부위만을 채썰기 한 후 끓는 물에 살짝 데친 다음, 꺼내서 다른 팬에 물과 설탕을 조금 넣고 녹이다 레몬 껍질을 넣고 살짝 졸인다.
❾ 채소 부케 만들기 : 롤라로사를 접시 위쪽에 놓고 양상추를 손으로 3~4㎝ 크기로 뜯어 위에 놓은 뒤, 그 위에 그린비타민, 그린치커리를 놓는다. 채소 위에 드레싱에 버무린 해산물 샐러드를 놓는다.
❿ 해산물 샐러드 위에 레몬 제스트를 4~5개 올려서 모양을 낸다. 그리고 남아있는 드레싱은 시식하기 전에 뿌려서 제공된다.

레몬 제스트를 만들 때 시럽이 될 때까지 조려서 만든다.

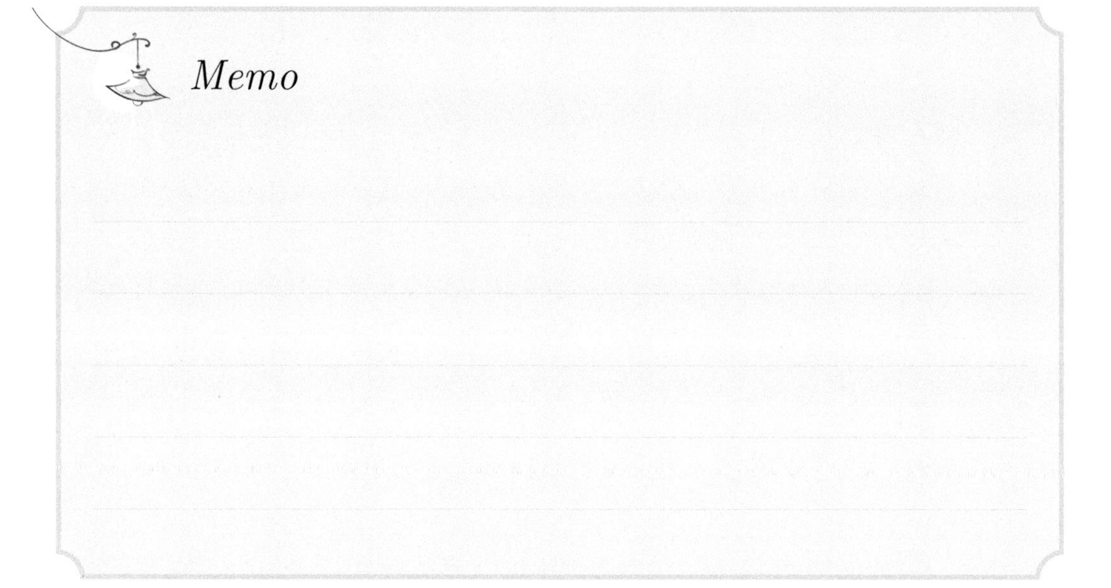

쉬어가기

샐러드(Salad)

샐러드는 찬요리에 소스를 곁들인 것이다. 샐러드의 기본적인 요소는 바탕, 본체, 소스 곁들임으로 구성되어 있어야 한다. 원래 샐러드(Salad)는 소금을 뿌려 먹던 습관에서 생긴 것으로 기원전 로마, 그리스 시대부터 먹었던 것으로 되어 있다. 채소 중에서 약초에 해당하는 마늘, 파슬리, 셀러리 등을 소화에 도움을 주기 위해 육류요리와 함께 섭취하였던 것이다.

아름다운 집이면 청결한 정원이 필요하듯 요리에 있어서도 보는 눈을 즐겁게 해주고 기분을 상쾌하게 하기 위하여 샐러드는 꼭 필요하다. 또한 요즘같이 고기를 많이 섭취하는 시대에 알칼리성인 채소는 꼭 필요한 것이다. 샐러드는 신선한 과일과 채소의 고운 색깔로 인해 요리의 중심점이 되며 건강과 미용을 부여하는 원천이기도 하다. 이것은 식욕촉진을 위해 주요리의 곁들임 요리로 예부터 즐겨온 것만 보더라도 틀림없다. 특히 여성들이 샐러드를 즐기는 것은 맛이 좋고 보기에도 아름답게 만들어져 예술적인 멋을 풍겨 주기 때문이다.

샐러드 재료는 다양하지만 대체로 양상추를 이용한 샐러드가 많다. 샐러드 재료는 필수 아미노산과 미네랄을 제공한다. 그리고 가벼운 샐러드와 비중 있는 주요리, 비중 있는 샐러드와 가벼운 주요리라는 법칙은 항상 지켜져야 한다. 샐러드 종류는 Le Repertoire에 소개되어진 것이 191가지나 된다. 샐러드의 분류는 여러 가지가 있지만 대체로 기본재료, 만드는 방법, 찬 것, 더운 것 등으로 구분된다. 옛날에는 샐러드를 단순 샐러드(Salades Simples), 복합 샐러드(Salades Composees), 아메리칸 샐러드(Salades Americaines)로 구분했는데, 근래에 와서는 그린(Vert), 단순(Simple), 복합(Composee), 과일(Fruit), 생선(Poisson), 육류(Viande), 미지근한(Tiede), 파스타(Pasta)로 세분하기도 한다.

Thousand Island Dressing
사우전드 아일랜드 드레싱

지급 재료

• 마요네즈 70g • 오이피클(개당 25~30g짜리) 1/2개 • 양파 중(150g 정도) 1/6개
• 토마토케첩 20g • 소금(정제염) 2g 흰후춧가루 1g • 레몬 1/4개(길이(장축)로 등분)
• 달걀 1개 • 청피망 중(75g 정도) 1/4개 • 식초 10ml

요구사항

주어진 재료를 사용하여 다음과 같이 사우전드 아일랜드 드레싱을 만드시오.

❶ 드레싱은 핑크빛이 되도록 하시오.
❷ 다지는 재료는 0.2cm 정도의 크기로 하시오.
❸ 드레싱은 농도를 잘 맞추어 100ml 이상 제출하시오.

수검자 유의사항

❶ 만드는 순서에 유의하며, 위생과 숙련된 기능평가를 위하여 조리작업 시 맛을 보지 않습니다.
❷ 지정된 수험자 지참 준비물 이외의 조리기구나 재료를 시험장 내에 지참할 수 없습니다.
❸ 지급재료는 시험 전 확인하여 이상이 있을 경우 시험위원으로부터 조치를 받고 시험 중에는 재료의 교환 및 추가지급은 하지 않습니다.
❹ 요구사항의 규격은 "정도"의 의미를 포함하며, 지급된 재료의 크기에 따라 가감하여 채점합니다.
❺ 위생복, 위생모, 앞치마를 착용하여야 하며, 시험장비 · 조리도구 취급 등 안전에 유의합니다.
❻ 다음 사항에 대해서는 채점대상에서 제외하니 특히 유의하시기 바랍니다.
가) 기권- 수험자 본인이 시험 도중 시험에 대한 포기 의사를 표현하는 경우
나) 실격- (1) 가스레인지 화구 2개 이상(2개 포함) 사용한 경우
(2) 불을 사용하여 만든 조리작품이 작품특성에 벗어나는 정도로 타거나 익지 않은 경우
(3) 위생복, 위생모, 앞치마를 착용하지 않은 경우
(4) 시험 중 시설 · 장비(칼, 가스레인지 등) 사용 시 감독위원 및 타 수험자의 시험 진행에 위협이 될 것으로 감독 위원 전원이 합의하여 판단한 경우
다) 미완성- (1) 시험시간 내에 과제 두 가지를 제출하지 못한 경우
(2) 문제의 요구사항대로 과제의 수량이 만들어지지 않은 경우
라) 오작- (1) 구이를 조림 등으로 조리하여 완성품을 요구사항과 다르게 만든 경우
(2) 해당 과제의 지급재료 이외의 재료를 사용하거나 석쇠 등 요구사항의 조리도구를 사용하지 않은 경우
마) 요구사항에 표시된 실격, 미완성, 오작에 해당하는 경우
❼ 항목별 배점은 위생상태 및 안전관리 5점, 조리기술 30점, 작품의 평가 15점입니다.
❽ 시험시작 전 가벼운 몸 풀기(스트레칭) 동작으로 긴장을 풀고 시험을 시작합니다.

만드는 방법

❶ 양파는 0.2㎝ 정도가 되게 다져서 소금을 약간 뿌려 두었다가 물에 헹군 후 소창으로 물기를 제거한다.
❷ 셀러리, 피클, 스터프트 올리브, 피망, 파프리카를 0.2㎝ 정도가 되게 다지고, 달걀흰자도 0.2㎝ 정도가 되게 다지고 노른자는 체에 내린다.
❸ 파슬리는 다져 소창으로 싸서 물에 씻은 후 물기를 제거하여 보슬보슬하게 준비한다.
❹ 믹싱볼에 다진양파, 셀러리, 피클, 스테프트 올리브, 피망, 파프리카, 달걀흰자, 달걀노른자를 넣고 마요네즈, 토마토케첩을 섞어 분홍색으로 맞추고 레몬주스를 넣으면서 농도조절한 다음, 소금, 후추를 넣어 간을 맞춘다.
❺ 완성 그릇에 담아내고 파슬리가루를 가운데 살짝 뿌린다.

1. 마요네즈와 토마토케첩을 3:1로 섞은 것에 양파, 셀러리, 피클, 올리브, 피망, 파슬리, 삶은 달걀, 레몬 등 많은 것을 넣어서 만들었다고 표현하므로 'Thousand Island Dressing'이라 하였다.
2. 주로 야채 샐러드 용으로 많이 사용되며 속재료들을 너무 많이 넣지 않도록 한다(마요네즈 1컵이면 삶은 달걀 1/2개만 다져 넣어도 충분하다).

Caesar Salad
시저 샐러드

시험시간
35분

지급 재료

- 달걀 60g 2개(상온에 보관한 것) • 디종 머스터드 10g • 레몬 1개
- 로메인 상추 50g • 마늘 1쪽 • 베이컨 15g • 안초비 3개 • 올리브오일(extra virgin) 20ml
- 카놀라오일 300ml • 슬라이스 식빵 1개 • 검은후춧가루 5g • 파미지아노 레기아노 20g(덩어리)
- 화이트와인식초 20ml • 소금 10g

요구사항

주어진 재료를 사용하여 다음과 같이 시저 샐러드를 만드시오.

❶ 마요네즈(100g), 시저 드레싱(100g), 시저 샐러드(전량)를 만들어 3가지를 각각 별도의 그릇에 담아 제출하시오.
❷ 마요네즈(mayonnaise)는 달걀노른자, 카놀라오일, 레몬즙, 디존 머스터드, 화이트와인식초를 사용하여 만드시오.
❸ 시저 드레싱(caesar dressing)은 마요네즈, 마늘, 안초비, 검은후춧가루, 파미지아노 레기아노, 올리브오일, 디존 머스터드, 레몬즙을 사용하여 만드시오.
❹ 파미지아노 레기아노는 강판이나 채칼을 사용하시오.
❺ 시저 샐러드(caesar salad)는 로메인 상추, 곁들임(크루통(1cm×1cm), 구운 베이컨(폭 0.5cm), 파미지아노 레기아노), 시저 드레싱을 사용하여 만드시오.

수검자 유의사항

❶ 만드는 순서에 유의하며, 위생과 숙련된 기능평가를 위하여 조리작업 시 맛을 보지 않습니다.
❷ 지정된 수험자 지참 준비물 이외의 조리기구나 재료를 시험장 내에 지참할 수 없습니다.
❸ 지급재료는 시험 전 확인하여 이상이 있을 경우 시험위원으로부터 조치를 받고 시험 중에는 재료의 교환 및 추가지급은 하지 않습니다.
❹ 요구사항의 규격은 "정도"의 의미를 포함하며, 지급된 재료의 크기에 따라 가감하여 채점합니다.
❺ 위생복, 위생모, 앞치마를 착용하여야 하며, 시험장비 · 조리도구 취급 등 안전에 유의합니다.
❻ 다음 사항에 대해서는 채점대상에서 제외하니 특히 유의하시기 바랍니다.
가) 기권– 수험자 본인이 시험 도중 시험에 대한 포기 의사를 표현하는 경우
나) 실격– (1) 가스레인지 화구 2개 이상(2개 포함) 사용한 경우
(2) 불을 사용하여 만든 조리작품이 작품특성에 벗어나는 정도로 타거나 익지 않은 경우
(3) 위생복, 위생모, 앞치마를 착용하지 않은 경우
(4) 시험 중 시설 · 장비(칼, 가스레인지 등) 사용 시 감독위원 및 타 수험자의 시험 진행에 위협이 될 것으로 감독 위원 전원이 합의하여 판단한 경우
다) 미완성– (1) 시험시간 내에 과제 두 가지를 제출하지 못한 경우
(2) 문제의 요구사항대로 과제의 수량이 만들어지지 않은 경우
라) 오작– (1) 구이를 조림 등으로 조리하여 완성품을 요구사항과 다르게 만든 경우
(2) 해당 과제의 지급재료 이외의 재료를 사용하거나 석쇠 등 요구사항의 조리도구를 사용하지 않은 경우
마) 요구사항에 표시된 실격, 미완성, 오작에 해당하는 경우
❼ 항목별 배점은 위생상태 및 안전관리 5점, 조리기술 30점, 작품의 평가 15점입니다.
❽ 시험시작 전 가벼운 몸 풀기(스트레칭) 동작으로 긴장을 풀고 시험을 시작합니다.

만드는 방법

❶ 로메인 상추는 물에 담가 준비한 후 수분을 제거하여 먹기 좋은 크기로 썰어서 준비한다.
❷ 마늘과 안초비는 다져서 준비한다.
❸ 식빵은 사방 1cm로 썬 후 올리브오일을 뿌려 버무린 후 프라이팬에 넣어 갈색으로 크루통을 만든다.
❹ 베이컨은 1cm 크기로 잘라 놓은 후 프라이팬을 중불에 올려 베이컨을 볶아 바삭하게 만들어 키친타월에 올려 기름을 빼준다.
❺ 달걀은 흰자와 노른자를 분리한 후 볼에 달걀노른자 2개와 분량의 디존 머스터드와 레몬즙을 넣어 휘핑을 하고 카놀라오일을 나누어 한 방향으로 300ml를 넣어 휘핑을 한 후 화이트와인식초를 넣어 마요네즈를 완성한다.
❻ ⑤에서 완성된 마요네즈 100g을 제시하고 남은 마요네즈에 마늘, 안초비, 검은후추를 넣어 시저드레싱을 완성한다.
❼ 볼에 시저 드레싱과 먹기 좋은 크기로 썬 로메인 상추 그리고 크루통과 볶은 베이컨, 후추를 버무려 완성하여 그릇에 담고 파미지아노 레기아노를 갈아서 완성하여 제출한다.

Brown Stock
브라운 스톡

지급 재료

- 소뼈 150g(2~3cm 정도, 자른 것) • 양파 중(150g 정도) 1/2개
- 당근 40g(둥근 모양이 유지되게 등분) • 셀러리 30g • 검은통후추 4개
- 토마토 중(150g 정도) 1개 • 파슬리(잎, 줄기 포함) 1줄기 • 월계수잎 1잎
- 정향 1개 • 버터(무염) 5g • 식용유 50ml • 면실 30cm • 타임(dry) 2g(fresh)
- 다시백 1개(10×12cm)

요구사항

주어진 재료를 사용하여 다음과 같이 브라운 스톡을 만드시오.

❶ 스톡은 맑고 갈색이 되도록 하시오.
❷ 소뼈는 찬물에 담가 핏물을 제거한 후 구워서 사용하시오.
❸ 향신료로 사세 데피스(sachet d'epice)를 만들어 사용하시오.
❹ 완성된 스톡의 양이 200ml 이상 되도록 하여 볼에 담아내시오.

수검자 유의사항

❶ 만드는 순서에 유의하며, 위생과 숙련된 기능평가를 위하여 조리작업 시 맛을 보지 않습니다.
❷ 지정된 수험자 지참 준비물 이외의 조리기구나 재료를 시험장 내에 지참할 수 없습니다.
❸ 지급재료는 시험 전 확인하여 이상이 있을 경우 시험위원으로부터 조치를 받고 시험 중에는 재료의 교환 및 추가지급은 하지 않습니다.
❹ 요구사항의 규격은 "정도"의 의미를 포함하며, 지급된 재료의 크기에 따라 가감하여 채점합니다.
❺ 위생복, 위생모, 앞치마를 착용하여야 하며, 시험장비 · 조리도구 취급 등 안전에 유의합니다.
❻ 다음 사항에 대해서는 채점대상에서 제외하니 특히 유의하시기 바랍니다.
가) 기권- 수험자 본인이 시험 도중 시험에 대한 포기 의사를 표현하는 경우
나) 실격- (1) 가스레인지 화구 2개 이상(2개 포함) 사용한 경우
(2) 불을 사용하여 만든 조리작품이 작품특성에 벗어나는 정도로 타거나 익지 않은 경우
(3) 위생복, 위생모, 앞치마를 착용하지 않은 경우
(4) 시험 중 시설 · 장비(칼, 가스레인지 등) 사용 시 감독위원 및 타 수험자의 시험 진행에 위협이 될 것으로 감독 위원 전원이 합의하여 판단한 경우
다) 미완성- (1) 시험시간 내에 과제 두 가지를 제출하지 못한 경우
(2) 문제의 요구사항대로 과제의 수량이 만들어지지 않은 경우
라) 오작- (1) 구이를 조림 등으로 조리하여 완성품을 요구사항과 다르게 만든 경우
(2) 해당 과제의 지급재료 이외의 재료를 사용하거나 석쇠 등 요구사항의 조리도구를 사용하지 않은 경우
마) 요구사항에 표시된 실격, 미완성, 오작에 해당하는 경우
❼ 항목별 배점은 위생상태 및 안전관리 5점, 조리기술 30점, 작품의 평가 15점입니다.
❽ 시험시작 전 가벼운 몸 풀기(스트레칭) 동작으로 긴장을 풀고 시험을 시작합니다.

만드는 방법

❶ 야채는 슬라이스한다.
❷ 소뼈를 찬물에 담궈 핏물제거 후 끓는 물에 데친 후 갈색이 나도록 프라이팬에 볶는다.
❸ 야채도 갈색이 나도록 프라이팬에 볶는다.
❹ 소스 냄비에 소뼈, 야채를 넣고 찬물을 부어 끓어오르면 거품을 건져낸다.
❺ 위에 토마토, 월계수잎, 타임, 페퍼콘, 정향, 파슬리 줄기를 넣고 불을 조절하여 약한 불에서 계속 끓이며 거품과 기름을 수시로 걷어낸다.
❻ 다 되었을 때 체에 거른다.

TIP

1. 갈색이 나는 육수의 한 종류로, 소뼈나 야채들을 오븐에서 갈색으로 구워 물을 붓고 푹 끓여 만드는 것이 원칙이나, 시험장에서는 냄비에서 볶아 사용할 수밖에 없다.
2. 소뼈는 기름기나 핏물을 제거한 후 끓는 물에 데쳐서 사용해야 맑은 육수를 얻을 수 있다.

Hollandaise Sauce
홀랜다이즈 소스

시험시간
25분

지급 재료

• 달걀 2개 • 양파 중(150g 정도) 1/8개 • 식초 20ml • 검은통후추 3개 • 버터(무염) 200g
• 레몬 1/4개(길이(장축)로 등분) • 월계수잎 1잎 • 파슬리(잎, 줄기 포함) 1줄기
• 소금(정제염) 2g • 흰후춧가루 1g

요구사항

주어진 재료를 사용하여 다음과 같이 홀랜다이즈 소스를 만드시오.

❶ 양파, 식초를 이용하여 허브에센스(herb essence)를 만들어 사용하시오.
❷ 정제 버터를 만들어 사용하시오.
❸ 소스는 중탕으로 만들어 굳지 않게 그릇에 담아내시오.
❹ 소스는 100ml 이상 제출하시오.

수검자 유의사항

❶ 만드는 순서에 유의하며, 위생과 숙련된 기능평가를 위하여 조리작업 시 맛을 보지 않습니다.
❷ 지정된 수험자 지참 준비물 이외의 조리기구나 재료를 시험장 내에 지참할 수 없습니다.
❸ 지급재료는 시험 전 확인하여 이상이 있을 경우 시험위원으로부터 조치를 받고 시험 중에는 재료의 교환 및 추가지급은 하지 않습니다.
❹ 요구사항의 규격은 "정도"의 의미를 포함하며, 지급된 재료의 크기에 따라 가감하여 채점합니다.
❺ 위생복, 위생모, 앞치마를 착용하여야 하며, 시험장비 · 조리도구 취급 등 안전에 유의합니다.
❻ 다음 사항에 대해서는 채점대상에서 제외하니 특히 유의하시기 바랍니다.
가) 기권- 수험자 본인이 시험 도중 시험에 대한 포기 의사를 표현하는 경우
나) 실격- (1) 가스레인지 화구 2개 이상(2개 포함) 사용한 경우
(2) 불을 사용하여 만든 조리작품이 작품특성에 벗어나는 정도로 타거나 익지 않은 경우
(3) 위생복, 위생모, 앞치마를 착용하지 않은 경우
(4) 시험 중 시설 · 장비(칼, 가스레인지 등) 사용 시 감독위원 및 타 수험자의 시험 진행에 위협이 될 것으로 감독 위원 전원이 합의하여 판단한 경우
다) 미완성- (1) 시험시간 내에 과제 두 가지를 제출하지 못한 경우
(2) 문제의 요구사항대로 과제의 수량이 만들어지지 않은 경우
라) 오작- (1) 구이를 조림 등으로 조리하여 완성품을 요구사항과 다르게 만든 경우
(2) 해당 과제의 지급재료 이외의 재료를 사용하거나 석쇠 등 요구사항의 조리도구를 사용하지 않은 경우
마) 요구사항에 표시된 실격, 미완성, 오작에 해당하는 경우
❼ 항목별 배점은 위생상태 및 안전관리 5점, 조리기술 30점, 작품의 평가 15점입니다.
❽ 시험시작 전 가벼운 몸 풀기(스트레칭) 동작으로 긴장을 풀고 시험을 시작합니다.

만드는 방법

❶ 버터를 용기에 담아 중탕으로 녹인다.
❷ 냄비에 레몬주스, 식초, 타라곤, 통후추, 월계수잎을 넣고 반 정도(15cc) 조려 거른다(타라곤 비네가).
❸ 중탕용기에 달걀노른자를 넣고 타라곤 비네가를 걸러서 넣어, 크림화 될 때까지 잘 휘젓는다.
❹ 여기에 녹인 버터를 넣어가면서 유화(마요네즈처럼)가 잘되게 휘핑기로 휘젓는다.
❺ 레몬즙과 소금, 후추로 간을 하고 볼에 담아낸다.

TIP

1. 홀랜다이즈 소스는 주로 달걀요리나 생선요리에 사용된다.
2. 달걀노른자에 버터 중탕으로 녹인 것을 조금씩 넣어 마치 마요네즈를 만드는 것처럼 거품기로 쳐서 향신료 주스를 조금 넣고 소금과 후추로 조미한 것이다.

Brown Gravy Sauce
브라운 그래비 소스

시험시간
30분

지급 재료

- 밀가루(중력분) 20g • 브라운 스톡 300ml(물로 대체 가능) • 소금(정제염) 2g
- 검은후춧가루 1g • 버터(무염) 30g • 양파 중(150g 정도) 1/6개 • 셀러리 20g
- 당근 40g(둥근 모양이 유지되게 등분) • 토마토 페이스트 30g
- 월계수잎 1잎 • 정향 1개

요구사항

주어진 재료를 사용하여 다음과 같이 브라운 그래비 소스를 만드시오.

❶ 브라운 루(Brown Roux)를 만들어 사용하시오.
❷ 소스의 양은 200ml 이상을 만드시오.

수검자 유의사항

❶ 만드는 순서에 유의하며, 위생과 숙련된 기능평가를 위하여 조리작업 시 맛을 보지 않습니다.
❷ 지정된 수험자 지참 준비물 이외의 조리기구나 재료를 시험장 내에 지참할 수 없습니다.
❸ 지급재료는 시험 전 확인하여 이상이 있을 경우 시험위원으로부터 조치를 받고 시험 중에는 재료의 교환 및 추가지급은 하지 않습니다.
❹ 요구사항의 규격은 "정도"의 의미를 포함하며, 지급된 재료의 크기에 따라 가감하여 채점합니다.
❺ 위생복, 위생모, 앞치마를 착용하여야 하며, 시험장비 · 조리도구 취급 등 안전에 유의합니다.
❻ 다음 사항에 대해서는 채점대상에서 제외하니 특히 유의하시기 바랍니다.
가) 기권– 수험자 본인이 시험 도중 시험에 대한 포기 의사를 표현하는 경우
나) 실격– (1) 가스레인지 화구 2개 이상(2개 포함) 사용한 경우
(2) 불을 사용하여 만든 조리작품이 작품특성에 벗어나는 정도로 타거나 익지 않은 경우
(3) 위생복, 위생모, 앞치마를 착용하지 않은 경우
(4) 시험 중 시설 · 장비(칼, 가스레인지 등) 사용 시 감독위원 및 타 수험자의 시험 진행에 위협이 될 것으로 감독 위원 전원이 합의하여 판단한 경우
다) 미완성– (1) 시험시간 내에 과제 두 가지를 제출하지 못한 경우
(2) 문제의 요구사항대로 과제의 수량이 만들어지지 않은 경우
라) 오작– (1) 구이를 조림 등으로 조리하여 완성품을 요구사항과 다르게 만든 경우
(2) 해당 과제의 지급재료 이외의 재료를 사용하거나 석쇠 등 요구사항의 조리도구를 사용하지 않은 경우
마) 요구사항에 표시된 실격, 미완성, 오작에 해당하는 경우
❼ 항목별 배점은 위생상태 및 안전관리 5점, 조리기술 30점, 작품의 평가 15점입니다.
❽ 시험시작 전 가벼운 몸 풀기(스트레칭) 동작으로 긴장을 풀고 시험을 시작합니다.

만드는 방법

❶ 양파, 셀러리, 당근은 채 썰어 버터에 색깔이 나도록 충분히 볶는다.
❷ 냄비에 버터를 넣고 가열하여 밀가루를 넣고 볶아서 브라운 루를 만든다.
❸ ②에 토마토 페이스트를 넣고 볶다가 육수를 붓고 볶은 야채를 넣어 충분히 끓여서 거른 후 소금, 후추로 맛을 조절하고 농도를 맞춘다.

TIP

1. 그래비란 육즙을 뜻하는 것으로, 육류를 철판에 로스트 할 때 고이는 짙은 육수를 이용하여 만드는 소스를 그래비 소스라 한다.
2. 버터를 녹이고 동량의 밀가루를 넣어 서서히 볶아야 태우지 않고 브라운 루를 볶을 수 있다.

Italian Meat Sauce
이탈리안 미트 소스

지급 재료

• 양파 중(150g 정도) 1/2개 • 소고기(살코기) 60g(갈은 것) • 마늘 중(깐 것) 1쪽
• 캔 토마토(고형물) 30g • 버터(무염) 10g • 토마토 페이스트 30g • 월계수잎 1잎
• 파슬리(잎, 줄기 포함) 1줄기 • 소금(정제염) 2g • 검은후춧가루 2g • 셀러리 30g

요구사항

주어진 재료를 사용하여 다음과 같이 이탈리안 미트 소스를 만드시오.

❶ 모든 재료는 다져서 사용하시오.
❷ 그릇에 담고 파슬리 다진 것을 뿌려내시오.
❸ 소스는 150ml 이상 제출하시오.

수검자 유의사항

❶ 만드는 순서에 유의하며, 위생과 숙련된 기능평가를 위하여 조리작업 시 맛을 보지 않습니다.
❷ 지정된 수험자 지참 준비물 이외의 조리기구나 재료를 시험장 내에 지참할 수 없습니다.
❸ 지급재료는 시험 전 확인하여 이상이 있을 경우 시험위원으로부터 조치를 받고 시험 중에는 재료의 교환 및 추가지급은 하지 않습니다.
❹ 요구사항의 규격은 "정도"의 의미를 포함하며, 지급된 재료의 크기에 따라 가감하여 채점합니다.
❺ 위생복, 위생모, 앞치마를 착용하여야 하며, 시험장비 · 조리도구 취급 등 안전에 유의합니다.
❻ 다음 사항에 대해서는 채점대상에서 제외하니 특히 유의하시기 바랍니다.
가) 기권- 수험자 본인이 시험 도중 시험에 대한 포기 의사를 표현하는 경우
나) 실격- (1) 가스레인지 화구 2개 이상(2개 포함) 사용한 경우
(2) 불을 사용하여 만든 조리작품이 작품특성에 벗어나는 정도로 타거나 익지 않은 경우
(3) 위생복, 위생모, 앞치마를 착용하지 않은 경우
(4) 시험 중 시설 · 장비(칼, 가스레인지 등) 사용 시 감독위원 및 타 수험자의 시험 진행에 위협이 될 것으로 감독 위원 전원이 합의하여 판단한 경우
다) 미완성- (1) 시험시간 내에 과제 두 가지를 제출하지 못한 경우
(2) 문제의 요구사항대로 과제의 수량이 만들어지지 않은 경우
라) 오작- (1) 구이를 조림 등으로 조리하여 완성품을 요구사항과 다르게 만든 경우
(2) 해당 과제의 지급재료 이외의 재료를 사용하거나 석쇠 등 요구사항의 조리도구를 사용하지 않은 경우
마) 요구사항에 표시된 실격, 미완성, 오작에 해당하는 경우
❼ 항목별 배점은 위생상태 및 안전관리 5점, 조리기술 30점, 작품의 평가 15점입니다.
❽ 시험시작 전 가벼운 몸 풀기(스트레칭) 동작으로 긴장을 풀고 시험을 시작합니다.

만드는 방법

❶ 양파, 파슬리, 셀러리, 마늘은 다진다. 토마토는 껍질을 벗기고 굵게 다진다.
❷ 냄비에 식용유를 넣고 가열하여 마늘, 쇠고기, 양파 순서로 볶다가 토마토 페이스트를 넣고 좀더 볶는다.
❸ 다시 비프스톡, 토마토 다진 것, 바질, 월계수 잎을 넣고 스톡이 거의 다 조려지도록 끓인다.
❹ 월계수 잎은 건져내고 소금, 후추로 맛을 조절한 다음 접시에 담는다.
❺ 소스 위에 다진 파슬리 가루를 뿌린다.

TIP

1. 이탈리안 미트 소스는 스파게티 요리에 곁들이는 고기소스이다.
2. 토마토는 끓는 물에 데쳐 껍질을 벗긴다.
3. 다진 재료를 볶을 때 수분이 빠져 나올 때까지 볶아준다.

Tar-Tar Sauce
타르타르 소스

시험시간
20분

지급 재료

- 마요네즈 70g • 오이피클(개당 25~30g짜리) 1/2개 • 양파 중(150g 정도) 1/10개
- 파슬리(잎, 줄기 포함) 1줄기 • 달걀 1개 • 소금(정제염) 2g • 흰후춧가루 2g
- 레몬(길이(장축)로 등분) 1/4개 • 식초 2ml

요구사항

주어진 재료를 사용하여 다음과 같이 타르타르 소스를 만드시오.

❶ 다지는 재료는 0.2cm 정도의 크기로 하고 파슬리는 줄기를 제거하여 사용하시오.
❷ 소스는 농도를 잘 맞추어 100ml 이상 제출하시오.

수검자 유의사항

❶ 만드는 순서에 유의하며, 위생과 숙련된 기능평가를 위하여 조리작업 시 맛을 보지 않습니다.
❷ 지정된 수험자 지참 준비물 이외의 조리기구나 재료를 시험장 내에 지참할 수 없습니다.
❸ 지급재료는 시험 전 확인하여 이상이 있을 경우 시험위원으로부터 조치를 받고 시험 중에는 재료의 교환 및 추가지급은 하지 않습니다.
❹ 요구사항의 규격은 "정도"의 의미를 포함하며, 지급된 재료의 크기에 따라 가감하여 채점합니다.
❺ 위생복, 위생모, 앞치마를 착용하여야 하며, 시험장비 · 조리도구 취급 등 안전에 유의합니다.
❻ 다음 사항에 대해서는 채점대상에서 제외하니 특히 유의하시기 바랍니다.
가) 기권- 수험자 본인이 시험 도중 시험에 대한 포기 의사를 표현하는 경우
나) 실격- (1) 가스레인지 화구 2개 이상(2개 포함) 사용한 경우
(2) 불을 사용하여 만든 조리작품이 작품특성에 벗어나는 정도로 타거나 익지 않은 경우
(3) 위생복, 위생모, 앞치마를 착용하지 않은 경우
(4) 시험 중 시설 · 장비(칼, 가스레인지 등) 사용 시 감독위원 및 타 수험자의 시험 진행에 위협이 될 것으로 감독 위원 전원이 합의하여 판단한 경우
다) 미완성- (1) 시험시간 내에 과제 두 가지를 제출하지 못한 경우
(2) 문제의 요구사항대로 과제의 수량이 만들어지지 않은 경우
라) 오작- (1) 구이를 조림 등으로 조리하여 완성품을 요구사항과 다르게 만든 경우
(2) 해당 과제의 지급재료 이외의 재료를 사용하거나 석쇠 등 요구사항의 조리도구를 사용하지 않은 경우
마) 요구사항에 표시된 실격, 미완성, 오작에 해당하는 경우
❼ 항목별 배점은 위생상태 및 안전관리 5점, 조리기술 30점, 작품의 평가 15점입니다.
❽ 시험시작 전 가벼운 몸 풀기(스트레칭) 동작으로 긴장을 풀고 시험을 시작합니다.

만드는 방법

❶ 오이 피클, 양파, 파슬리, 케이퍼를 각각 곱게 다진다.
❷ 삶은 달걀도 흰자, 노른자를 각각 곱게 다진다.
❸ 믹싱볼에 ①, ②의 차례대로 재료를 모두 넣어 마요네즈에 고루 섞어서 레몬즙을 뿌리고 소금, 후추를 넣어 믹싱하고 그릇에 담는다.
❹ 소스 위에 파슬리가루를 약간 뿌려 준다.

TIP

1. 타르타르 소스는 주로 생선요리에 사용되는 소스이다.
2. 야채는 다져서 사용하므로 물기가 생기지 않도록 주의한다.

Hamburger Sandwich
햄버거 샌드위치

시험시간
30분

지급 재료

- 소고기(살코기, 방심) 100g • 양파 중(150g 정도) 1개 • 빵가루(마른 것) 30g
- 셀러리 30g • 소금(정제염) 3g • 검은후춧가루 1g • 양상추 20g
- 토마토 중(150g 정도) 1/2개(둥근 모양이 되도록 잘라서 지급) • 버터(무염) 15g
- 햄버거 빵 1개 • 식용유 20ml • 달걀 1개

요구사항

주어진 재료를 사용하여 다음과 같이 햄버거 샌드위치를 만드시오.

❶ 빵은 버터를 발라 구워서 사용하시오.
❷ 고기는 미디움웰던(medium wellden)으로 굽고, 구워진 고기의 두께는 1cm 정도로 하시오.
❸ 토마토, 양파는 0.5cm 정도의 두께로 썰고 양상추는 빵 크기에 맞추시오.
❹ 샌드위치는 반으로 잘라내시오.

수검자 유의사항

❶ 만드는 순서에 유의하며, 위생과 숙련된 기능평가를 위하여 조리작업 시 맛을 보지 않습니다.
❷ 지정된 수험자 지참 준비물 이외의 조리기구나 재료를 시험장 내에 지참할 수 없습니다.
❸ 지급재료는 시험 전 확인하여 이상이 있을 경우 시험위원으로부터 조치를 받고 시험 중에는 재료의 교환 및 추가지급은 하지 않습니다.
❹ 요구사항의 규격은 "정도"의 의미를 포함하며, 지급된 재료의 크기에 따라 가감하여 채점합니다.
❺ 위생복, 위생모, 앞치마를 착용하여야 하며, 시험장비 · 조리도구 취급 등 안전에 유의합니다.
❻ 다음 사항에 대해서는 채점대상에서 제외하니 특히 유의하시기 바랍니다.
가) 기권- 수험자 본인이 시험 도중 시험에 대한 포기 의사를 표현하는 경우
나) 실격- (1) 가스레인지 화구 2개 이상(2개 포함) 사용한 경우
(2) 불을 사용하여 만든 조리작품이 작품특성에 벗어나는 정도로 타거나 익지 않은 경우
(3) 위생복, 위생모, 앞치마를 착용하지 않은 경우
(4) 시험 중 시설 · 장비(칼, 가스레인지 등) 사용 시 감독위원 및 타 수험자의 시험 진행에 위협이 될 것으로 감독 위원 전원이 합의하여 판단한 경우
다) 미완성- (1) 시험시간 내에 과제 두 가지를 제출하지 못한 경우
(2) 문제의 요구사항대로 과제의 수량이 만들어지지 않은 경우
라) 오작- (1) 구이를 조림 등으로 조리하여 완성품을 요구사항과 다르게 만든 경우
(2) 해당 과제의 지급재료 이외의 재료를 사용하거나 석쇠 등 요구사항의 조리도구를 사용하지 않은 경우
마) 요구사항에 표시된 실격, 미완성, 오작에 해당하는 경우
❼ 항목별 배점은 위생상태 및 안전관리 5점, 조리기술 30점, 작품의 평가 15점입니다.
❽ 시험시작 전 가벼운 몸 풀기(스트레칭) 동작으로 긴장을 풀고 시험을 시작합니다.

만드는 방법

❶ 양파, 셀러리는 곱게 다진 다음 볶아서 식힌다.
❷ 용기에 쇠고기 간 것, 양파, 셀러리, 빵가루, 달걀, 소금, 후추를 넣고 끈기 있게 잘 섞은 후 1㎝ 정도 두께의 원형으로 만든다.
❸ 햄버거 빵은 두께를 반으로 잘라 프라이팬(또는 토스터)에 구운 후 버터를 바른다.
❹ 프라이팬에 식용유를 두르고 가열한 후 햄버거를 익힌다.
❺ 구운 빵에 양상추, 햄버거, 양파, 토마토, 빵의 순서로 포갠 후 반으로 잘라 접시에 담는다.

TIP

1. 고기가 익으면 원래 크기보다 줄어들므로 빵 크기보다 크게 하고, 두께는 원래보다 구웠을 때 두꺼워지므로 요구사항보다 얇게 빚어둔다.
2. 불이 세면 겉만 타고 속은 익지 않으므로, 한 면을 익힌 후 뒤집어서 뚜껑을 덮고 약불에서 익혀준다.

Bacon Lettuce Tomato Sandwich

BLT 샌드위치

시험시간
30분

지급 재료

- 식빵(샌드위치용) 3조각 • 양상추 20g(2잎 정도, 잎상추로 대체 가능)
- 토마토 중(150g 정도) 1/2개(둥근 모양이 되도록 잘라서 지급) • 베이컨(길이 25~30cm) 2조각
- 마요네즈 30g • 소금(정제염) 3g • 검은후춧가루 1g

요구사항

주어진 재료를 사용하여 다음과 같이 BLT 샌드위치를 만드시오.

❶ 빵은 구워서 사용하시오.
❷ 토마토는 0.5cm 정도의 두께로 썰고, 베이컨은 구워서 사용하시오.
❸ 완성품은 4조각으로 썰어 전량을 제출하시오.

수검자 유의사항

❶ 만드는 순서에 유의하며, 위생과 숙련된 기능평가를 위하여 조리작업 시 맛을 보지 않습니다.
❷ 지정된 수험자 지참 준비물 이외의 조리기구나 재료를 시험장 내에 지참할 수 없습니다.
❸ 지급재료는 시험 전 확인하여 이상이 있을 경우 시험위원으로부터 조치를 받고 시험 중에는 재료의 교환 및 추가지급은 하지 않습니다.
❹ 요구사항의 규격은 "정도"의 의미를 포함하며, 지급된 재료의 크기에 따라 가감하여 채점합니다.
❺ 위생복, 위생모, 앞치마를 착용하여야 하며, 시험장비 · 조리도구 취급 등 안전에 유의합니다.
❻ 다음 사항에 대해서는 채점대상에서 제외하니 특히 유의하시기 바랍니다.
가) 기권- 수험자 본인이 시험 도중 시험에 대한 포기 의사를 표현하는 경우
나) 실격- (1) 가스레인지 화구 2개 이상(2개 포함) 사용한 경우
(2) 불을 사용하여 만든 조리작품이 작품특성에 벗어나는 정도로 타거나 익지 않은 경우
(3) 위생복, 위생모, 앞치마를 착용하지 않은 경우
(4) 시험 중 시설 · 장비(칼, 가스레인지 등) 사용 시 감독위원 및 타 수험자의 시험 진행에 위협이 될 것으로 감독 위원 전원이 합의하여 판단한 경우
다) 미완성- (1) 시험시간 내에 과제 두 가지를 제출하지 못한 경우
(2) 문제의 요구사항대로 과제의 수량이 만들어지지 않은 경우
라) 오작- (1) 구이를 조림 등으로 조리하여 완성품을 요구사항과 다르게 만든 경우
(2) 해당 과제의 지급재료 이외의 재료를 사용하거나 석쇠 등 요구사항의 조리도구를 사용하지 않은 경우
마) 요구사항에 표시된 실격, 미완성, 오작에 해당하는 경우
❼ 항목별 배점은 위생상태 및 안전관리 5점, 조리기술 30점, 작품의 평가 15점입니다.
❽ 시험시작 전 가벼운 몸 풀기(스트레칭) 동작으로 긴장을 풀고 시험을 시작합니다.

만드는 방법

❶ 빵을 토스트한다(프라이팬에 빵의 양면을 노릇하게 구워 식힌다).
❷ 베이컨을 프라이팬에 바싹하게 굽는다.
❸ 빵 한쪽의 한 면에 버터를 바른 다음 양상추를 얹고 그 위에 베이컨을 얹는다. 양면에 버터를 바른 빵 한쪽을 베이컨 위에 얹고 양상추, 토마토를 얹은 다음, 한 면에 버터를 바른 빵 한 쪽을 덮은 뒤 잠시 살짝 눌렀다가 네 면의 가장자리를 잘라내고 모양 있게 잘라 접시에 담는다.

TIP

1. 식빵은 팬에 기름을 두르지 않고 토스트한다.
2. 샌드위치를 썰 때 빵이 눌러지지 않도록 가장자리를 잡고 3~4조각으로 썰어준다.

Spaghetti Carbonara

스파게티 카르보나라

지급 재료

- 스파게티 면(건조 면) 80g • 올리브오일 20ml • 버터(무염) 20g • 생크림 180ml
- 베이컨(길이 15~20cm) 2개 • 달걀 1개 • 파르마산 치즈가루 10g • 파슬리(잎, 줄기 포함) 1줄기
- 소금(정제염) 5g • 검은통후추 5개 • 식용유 20ml

요구사항

주어진 재료를 사용하여 다음과 같이 스파게티 카르보나라를 만드시오.

❶ 스파게티 면은 al dante(알 단테)로 삶아서 사용하시오.
❷ 파슬리는 다지고 통후추는 곱게 으깨서 사용하시오.
❸ 베이컨은 1cm 정도 크기로 썰어, 으깬 통후추와 볶아서 향이 잘 우러나게 하시오.
❹ 생크림은 달걀노른자를 이용한 리에종(Liaison)과 소스에 사용하시오.

수검자 유의사항

❶ 만드는 순서에 유의하며, 위생과 숙련된 기능평가를 위하여 조리작업 시 맛을 보지 않습니다.
❷ 지정된 수험자 지참 준비물 이외의 조리기구나 재료를 시험장 내에 지참할 수 없습니다.
❸ 지급재료는 시험 전 확인하여 이상이 있을 경우 시험위원으로부터 조치를 받고 시험 중에는 재료의 교환 및 추가지급은 하지 않습니다.
❹ 요구사항의 규격은 "정도"의 의미를 포함하며, 지급된 재료의 크기에 따라 가감하여 채점합니다.
❺ 위생복, 위생모, 앞치마를 착용하여야 하며, 시험장비 · 조리도구 취급 등 안전에 유의합니다.
❻ 다음 사항에 대해서는 채점대상에서 제외하니 특히 유의하시기 바랍니다.
가) 기권- 수험자 본인이 시험 도중 시험에 대한 포기 의사를 표현하는 경우
나) 실격- (1) 가스레인지 화구 2개 이상(2개 포함) 사용한 경우
(2) 불을 사용하여 만든 조리작품이 작품특성에 벗어나는 정도로 타거나 익지 않은 경우
(3) 위생복, 위생모, 앞치마를 착용하지 않은 경우
(4) 시험 중 시설 · 장비(칼, 가스레인지 등) 사용 시 감독위원 및 타 수험자의 시험 진행에 위협이 될 것으로 감독 위원 전원이 합의하여 판단한 경우
다) 미완성- (1) 시험시간 내에 과제 두 가지를 제출하지 못한 경우
(2) 문제의 요구사항대로 과제의 수량이 만들어지지 않은 경우
라) 오작- (1) 구이를 조림 등으로 조리하여 완성품을 요구사항과 다르게 만든 경우
(2) 해당 과제의 지급재료 이외의 재료를 사용하거나 석쇠 등 요구사항의 조리도구를 사용하지 않은 경우
마) 요구사항에 표시된 실격, 미완성, 오작에 해당하는 경우
❼ 항목별 배점은 위생상태 및 안전관리 5점, 조리기술 30점, 작품의 평가 15점입니다.
❽ 시험시작 전 가벼운 몸 풀기(스트레칭) 동작으로 긴장을 풀고 시험을 시작합니다.

만드는 방법

❶ 끓는 물에 식용유와 소금을 넣고 스파게티 면을 삶은 후 올리브오일에 버무려 식힌다.
❷ 파슬리는 다지고, 통후추는 으깨고, 베이컨은 1cm 크기로 썰어 놓는다.
❸ 달걀노른자와 휘핑크림으로 리에종을 만든다.
❹ 팬에 버터를 넣고 ②의 베이컨과 통후추를 넣고 볶다가 ①의 스파게티 면을 넣고 같이 볶아준다.
❺ ④에 휘핑크림을 넣고 끓으면 리에종을 넣고 소스 농도를 조절하여 소금으로 간을 맞춘 후 파르마산 치즈가루와 다진 파슬리를 넣고 가볍게 섞어 완성한다.

TIP

- **알 단테(al dante)**
  스파게티 면을 삶았을 때 안쪽에서 단단함이 살짝 느껴질 정도를 말한다.
- **리에종(Liaison)**
  달걀노른자 1개 + 휘핑크림 60ml = 1:3 비율로 섞는다.

Seafood Spaghetti Tomato Sauce
토마토소스 해산물 스파게티

시험시간
35분

지급 재료

- 스파게티 면(건조 면) 70g • 토마토(캔)(홀필드, 국물 포함) 300g • 마늘 3쪽
- 양파 중(150g 정도) 1/2개 • 바질(신선한 것) 4잎 • 파슬리(잎, 줄기 포함) 1줄기
- 방울토마토(붉은색) 2개 • 올리브오일 40ml • 새우(껍질 있는 것) 3마리
- 모시조개(지름 3cm 정도) 3개(바지락 대체 가능) • 오징어(몸통) 50g
- 관자살(50g 정도) 1개(작은 관자 3개 정도) • 화이트와인 20ml • 소금 5g
- 흰후춧가루 5g • 식용유 20ml

요구사항

주어진 재료를 사용하여 다음과 같이 토마토소스 해산물 스파게티를 만드시오.

❶ 스파게티 면은 al dante(알 단테)로 삶아서 사용하시오.
❷ 조개는 껍질째, 새우는 껍질을 벗겨 내장을 제거하고, 관자살은 편으로 썰고, 오징어는 0.8cm x 5cm 정도 크기로 썰어사용하시오.
❸ 해산물은 화이트와인을 사용하여 조리하고, 마늘과 양파는 해산물 조리와 토마토소스 조리에 나누어 사용하시오.
❹ 바질을 넣은 토마토소스를 만들어 사용하시오.
❺ 스파게티는 토마토소스에 버무리고 다진 파슬리와 슬라이스한 바질을 넣어 완성하시오.

수검자 유의사항

❶ 만드는 순서에 유의하며, 위생과 숙련된 기능평가를 위하여 조리작업 시 맛을 보지 않습니다.
❷ 지정된 수험자 지참 준비물 이외의 조리기구나 재료를 시험장 내에 지참할 수 없습니다.
❸ 지급재료는 시험 전 확인하여 이상이 있을 경우 시험위원으로부터 조치를 받고 시험 중에는 재료의 교환 및 추가지급은 하지 않습니다.
❹ 요구사항의 규격은 "정도"의 의미를 포함하며, 지급된 재료의 크기에 따라 가감하여 채점합니다.
❺ 위생복, 위생모, 앞치마를 착용하여야 하며, 시험장비 · 조리도구 취급 등 안전에 유의합니다.
❻ 다음 사항에 대해서는 채점대상에서 제외하니 특히 유의하시기 바랍니다.
가) 기권- 수험자 본인이 시험 도중 시험에 대한 포기 의사를 표현하는 경우
나) 실격- ⑴ 가스레인지 화구 2개 이상(2개 포함) 사용한 경우
⑵ 불을 사용하여 만든 조리작품이 작품특성에 벗어나는 정도로 타거나 익지 않은 경우
⑶ 위생복, 위생모, 앞치마를 착용하지 않은 경우
⑷ 시험 중 시설 · 장비(칼, 가스레인지 등) 사용 시 감독위원 및 타 수험자의 시험 진행에 위협이 될 것으로 감독 위원 전원이 합의하여 판단한 경우
다) 미완성- ⑴ 시험시간 내에 과제 두 가지를 제출하지 못한 경우
⑵ 문제의 요구사항대로 과제의 수량이 만들어지지 않은 경우
라) 오작- ⑴ 구이를 조림 등으로 조리하여 완성품을 요구사항과 다르게 만든 경우
⑵ 해당 과제의 지급재료 이외의 재료를 사용하거나 석쇠 등 요구사항의 조리도구를 사용하지 않은 경우
마) 요구사항에 표시된 실격, 미완성, 오작에 해당하는 경우
❼ 항목별 배점은 위생상태 및 안전관리 5점, 조리기술 30점, 작품의 평가 15점입니다.
❽ 시험시작 전 가벼운 몸 풀기(스트레칭) 동작으로 긴장을 풀고 시험을 시작합니다.

만드는 방법

❶ 바질은 슬라이스하고, 방울토마토는 4~6등분으로 썰고, 마늘, 양파, 파슬리는 다지고, 토마토 홀은 으깬다.
❷ 팬에 올리브오일, 다진 마늘과 양파를 넣고 볶고 으깬 토마토를 넣고 끓이다가 바질과 소금을 넣고 농도를 맞춘다.
❸ 조개는 껍질째, 새우는 껍질과 내장을 제거하고, 관자살은 편으로 썰고, 오징어는 0.8cm x 5cm 정도 크기로 썰어 준비한다.
❹ 끓는 물에 식용유와 소금을 넣고 스파게티 면은 삶은 후 올리브오일에 버무려 식힌다.
❺ 팬에 올리브오일, 다진 마늘과 양파를 볶고 해산물을 넣고 볶다가 소금과 후추, 화이트와인을 넣는다.
❻ ⑤에 토마토소스를 넣고 스파게티 면을 볶다가 다진 파슬리와 슬라이스한 바질을 넣어 완성한다.

해산물을 넣고 볶다가 소금, 후추 간을 하고 화이트와인으로 플람베(flambé)를 해서 와인 향을 제거하면 신맛이 없어진다.

참고문헌

ECOLAB, 안전한 식품의 제공, "인증코스 교재", 2005

강옥구 외, 최신 서양요리 기술, 2007

박희춘 외, 서양요리, 학문사, 2002

손주영, 서양요리, 백산출판사, 2007

양일선 외, 단체급식, 교문사, 2004

염진철, The Professional Cuisine No. 1, 백산출판사, 2007

오석태, 애피타이저와 샐러드, 지구문화사, 2004

임성빈 외, 맛있는 이탈리아요리, 효일, 2004

진양호, 서양요리입문, 지구문화사, 2002

최수근, 서양요리, 형설출판사, 2004

학생들이 강의 받은 소감

	배운 소감 내용	차후 방안/건의 사항
중간고사		
기말고사		

최광수

현) 제주한라대학교 호텔조리과 교수
경주호텔학교 졸업
호텔경영학 박사
경주조선호텔(5년)
호텔실라제주(15년)

김병헌

현) 제주한라대학교 호텔조리과 겸임교수
경주호텔학교 졸업
제주하얏트호텔
제주해비치호텔 조리과장

서양요리실무

2020년 2월 20일 초판 1쇄 인쇄
2020년 2월 25일 초판 1쇄 발행

지은이 최광수 · 김병헌
펴낸이 진욱상
펴낸곳 (주)백산출판사
교 정 편집부
본문디자인 편집부
표지디자인 오정은

저자와의 합의하에 인지첩부 생략

등 록 2017년 5월 29일 제406-2017-000058호
주 소 경기도 파주시 회동길 370(백산빌딩 3층)
전 화 02-914-1621(代)
팩 스 031-955-9911
이메일 edit@ibaeksan.kr
홈페이지 www.ibaeksan.kr

ISBN 979-11-90323-77-2 93590
값 20,000원